特性類と幾何学

特性類と幾何学

森田茂之

岩波書店

まえがき

　本書の目的は，特性類に関連する幾何学のうち 1960 年代の終わり以降に登場したいくつかの新しい理論について，その基礎的な部分の解説をすることである．

　特性類といえば Stiefel–Whitney 類や Euler 類，あるいは Pontrjagin 類や Chern 類が代表的なものである．これらの特性類は 1930 年代から 1940 年代にかけて次々と導入されて以来，多様体の分類や構造の解析において基本的な役割を果たしてきた．

　しかし一方で，1960 年代の終わり頃から多様体のより緻密な構造を調べる理論がいくつか創始された．すなわち，Chern–Simons 理論や Gel'fand–Fuks 理論であり，あるいはそれらと密接に関連する葉層構造や平坦バンドルの特性類の理論である．これらの新しい特性類は，上記の古典的な意味での特性類が（部分的に）消えるときに定義されるもので，2 次特性類（secondary characteristic classes）と呼ばれることがある．なかでも平坦バンドルの特性類は，幾何学に止まらず代数幾何学や整数論との深い関連が次第に明らかになりつつあり，これからの数学においてますます重要な役割を果たしていくものと思われる．

　多様体の微分同相群のように無限次元の群を構造群とするファイバーバンドルの特性類の理論は，広大な未知の領域である．しかし曲面の微分同相群の場合は，次元の特殊性から例外的に詳しい研究がなされつつある．これが 1980 年代に始まった曲面バンドルの特性類の理論である．

　巻末の「今後の方向と課題」で述べるように，上記の新しい理論の研究は，現在もいろいろな観点からの活発な発展が続いている．本書の記述は基礎的な部分に限られているが，読者が少しでもこれらの理論に興味を持つようになっていただければ幸いである．

本書で扱ったいくつかの理論が展開された時期は，ちょうど筆者が大学院に入って本格的に数学の研究を始めてからの30年間と重なっている．その間いろいろな形でお世話になった先生方や先輩，友人，そして後輩の方々にこの場を借りて深い感謝の気持ちを表したい．また出版にあたっては，岩波書店の編集部の皆さまにも大変お世話になった．

1999年5月

森田茂之

追記

本書は岩波講座『現代数学の展開』の1分冊として刊行された「特性類と幾何学」を単行本化したものである．今回の単行本化に際して一部誤植の訂正を行なった．

2008年3月

理論の概要と目標

「まえがき」でも述べたように，特性類といえば，Stiefel–Whitney 類や Euler 類，あるいは Pontrjagin 類や Chern 類が代表的なものであり，1930 年代の中頃から 10 年間程の間に相次いで導入された．そして有限次元 Lie 群を構造群とする主バンドルの特性類の理論は，1950 年代初頭にはすでに基礎付けが完成していた．

特性類の理論には大きく分けると二つの柱がある．すなわち位相幾何的な方法と微分幾何的な方法である．初めに登場したのは前者であった．実際，上記の特性類はすべてまず主バンドルに同伴する種々のファイバーバンドルの切断の存在への第一障害類として導入された．次に，Grassmann 多様体によって記述される分類空間のコホモロジー群を，具体的な胞体分割により直接計算する方法が現れた．一方，後者の微分幾何的な方法は，主バンドルの曲がり具合を接続と曲率の概念を使って微分形式を用いて表現するものであり，Chern–Weil 理論と呼ばれている．大ざっぱにいえば，2 次特性類の理論はこの後者の方法を精密化するものと言える．

本書の内容を簡単にまとめてみる．第 1 章では，de Rham ホモトピー理論の簡単な紹介をする．この理論は Sullivan によって 1970 年代に創られたもので，多様体のコホモロジー群を微分形式によって記述する de Rham の定理を大きく拡張するものとなっている．簡単にいえば，コホモロジーだけではなく多様体のホモトピー型に関する情報をも微分形式によって把握しようというものである．この理論は特性類と直接関係するものではないが，多様体の研究にとって基本的な理論の一つであり，これからも新しい発展があるものと思われる．この章の内容を他の章で直接使うのは §3.5 だけであるが，その一般的な考え方はすべての章に通じるものである．

第 2 章では，平坦バンドルの特性類を考察する．平坦バンドルとは，曲率

が恒等的に 0 となるような接続の入った主バンドルのことである．したがって Chern–Weil 理論により，その特性類は(実数係数では)すべて消えてしまう．このようなバンドルのねじれ具合は，底空間の基本群から構造群への準同型写像(ホロノミー準同型写像，あるいは場合によってはモノドロミー準同型写像と呼ばれる)によって完全に記述される．しかし，この準同型写像を直接調べるのは多くの場合たいへん難しい．そこでねじれ具合をコホモロジーのことばで記述することが考えられる．曲率が恒等的に 0 であることから，接続形式を使ってコホモロジー類を構成することができる．具体的には，Lie 代数のコホモロジーにより記述される平坦バンドルの特性類と呼ばれるものが定義される．構造群が無限次元の場合の平坦バンドルの特性類を与える Gel'fand–Fuks 理論についても簡単に記述する．

　第 3 章では，葉層構造の特性類の理論を扱う．葉層構造とは多様体の上のある種の縞模様のことである．そしてその特性類とは，これらの模様の大局的な振る舞いをコホモロジーのことばで表したものである．この理論は Cheeger–Chern–Simons 理論や Gel'fand–Fuks 理論とも深い関係があり，1970 年代前半に短期間のうちに整備された．2 次特性類の理論のなかでも代表的なものである．葉層構造の特性類で最も特徴的なことは，古典的な特性類がすべて有限係数あるいは整数係数で定義されているのと対照的に，本質的に実数係数のコホモロジー類となることである．これは 3 次元球面上の余次元 1 の葉層を具体的に構成することにより，Godbillon–Vey 類と呼ばれる葉層構造の特性類が連続的に変化することを証明した Thurston の有名な仕事に端的に現れている．§3.5 では，この事実に由来する一つの未解決問題を定式化する．

　第 4 章の主題は，曲面バンドルの特性類の理論である．一般の次元の多様体をファイバーとするファイバーバンドルの特性類の理論は，微分同相群という無限次元の群を扱うことに伴う困難さから，一般論はまだまったく知られていない．しかしファイバーが 2 次元すなわち曲面の場合には，曲面上の幾何学の特殊性から極めて例外的な現象が起きる．より具体的には，曲面バンドルというトポロジーの研究対象と，代数幾何学や複素解析学の研究対象

であるRiemann面のモジュライ空間やTeichmüller空間との密接な関係から，他の次元にはない豊富な内容の理論を展開することができる．ここでは，この理論への入門的な解説を行う．

目 次

まえがき ・・・・・・・・・・・・・・・・ v
理論の概要と目標 ・・・・・・・・・・・・ vii

第1章 de Rham ホモトピー理論 ・・・・・・・ 1

§1.1 Postnikov 分解と有理ホモトピー型 ・・・・ 2
(a) ホモロジー論とホモトピー論 ・・・・・・・ 2
(b) Postnikov 分解 ・・・・・・・・・・・・・ 7
(c) 有理ホモトピー型 ・・・・・・・・・・・・ 11
(d) いくつかの例 ・・・・・・・・・・・・・・ 16

§1.2 次数付き微分代数の極小モデル ・・・・・・ 19
(a) 次数付き微分代数 ・・・・・・・・・・・・ 19
(b) 極小モデル ・・・・・・・・・・・・・・・ 22
(c) 極小モデルの存在の証明 ・・・・・・・・・ 26
(d) 極小モデルの一意性の証明 ・・・・・・・・ 29

§1.3 主 定 理 ・・・・・・・・・・・・・・・ 36
(a) 単体複体上の微分形式 ・・・・・・・・・・ 36
(b) 極小 d.g.a. のホモトピー群 ・・・・・・・・ 40

§1.4 基本群と de Rham ホモトピー理論 ・・・・ 44
(a) 降中心列とべき零群 ・・・・・・・・・・・ 44
(b) 群の中心拡大と Euler 類 ・・・・・・・・・ 45
(c) Malcev 完備化 ・・・・・・・・・・・・・ 47
(d) 基本群と微分形式 ・・・・・・・・・・・・ 48

第2章 平坦バンドルの特性類 ・・・・・・・・ 51

§2.1 平坦バンドル ・・・・・・・・・・・・・ 52
(a) Chern–Weil 理論 ・・・・・・・・・・・・ 52

(b)　平坦バンドルの定義 ･･････････････ 54
　　(c)　平坦バンドルと完全積分可能な分布 ･･････ 55
　　(d)　平坦バンドルとホロノミー準同型 ･･････ 57

§2.2　Lie 代数のコホモロジー ･･････････････ 62
　　(a)　Lie 群上の左不変微分形式 ･･････････ 62
　　(b)　Lie 代数のコホモロジー群の定義 ･･････ 64
　　(c)　Lie 代数の相対コホモロジーと係数つきコホモロジー 65
　　(d)　$\mathfrak{sl}(2,\mathbb{R})$ のコホモロジー ･･････････ 68

§2.3　平坦バンドルの特性類 ･･････････････ 69
　　(a)　平坦積バンドルの特性類 ････････････ 69
　　(b)　平坦バンドルの特性類の定義 ･･････････ 71
　　(c)　平坦バンドルの分類空間と特性類 ･･････ 72
　　(d)　Chern–Simons 形式と Chern–Simons 不変量 ･･ 74
　　(e)　平坦バンドルの特性類の非自明性 ･･････ 77

§2.4　Gel'fand–Fuks コホモロジー ･･････････ 79
　　(a)　平坦バンドルの特性類――再考 ･･････････ 79
　　(b)　一般の多様体をファイバーとする平坦バンドル ･･ 81
　　(c)　Gel'fand–Fuks コホモロジーの定義 ･･････ 83
　　(d)　平坦 F 積バンドルの特性類 ･･････････ 86

第3章　葉層構造の特性類　　　　　　　　91

§3.1　葉層構造 ･･････････････････････ 91
　　(a)　葉層構造の定義 ････････････････ 91

§3.2　Godbillon–Vey 類 ････････････････ 95
　　(a)　Godbillon–Vey 類の定義 ････････････ 95
　　(b)　Godbillon–Vey 類の連続変化 ･･････････ 98

§3.3　高次の接枠バンドル上の標準形式 ･･････ 104
　　(a)　標準形式と接続 ････････････････ 104
　　(b)　高次の接枠バンドル ･･････････････ 105
　　(c)　2 次の接枠バンドル上の標準形式 ･･････ 107
　　(d)　標準形式と形式的ベクトル場 ･･････････ 111

（e）標準形式の構造方程式・・・・・・・・・・・・ *113*

§3.4　Bott 消滅定理と葉層構造の特性類・・・・・ *117*
　（a）Bott 消滅定理・・・・・・・・・・・・・・・・ *117*
　（b）葉層構造の特性類の定義・・・・・・・・・・・ *119*

§3.5　不連続不変量・・・・・・・・・・・・・・・・ *123*
　（a）実コホモロジー類の誘導する不連続不変量・・・・ *124*
　（b）不連続不変量・・・・・・・・・・・・・・・・ *128*

§3.6　平坦バンドルの特性類 II・・・・・・・・・・・ *131*
　（a）葉層 F バンドルの分類空間・・・・・・・・・・ *131*
　（b）群のコホモロジー・・・・・・・・・・・・・・ *132*
　（c）葉層 S^1 バンドルの特性類・・・・・・・・・・ *136*
　（d）Godbillon–Vey 類を表す Thurston コサイクル・・・ *137*

第4章　曲面バンドルの特性類・・・・・・・・・ *139*

§4.1　写像類群と曲面バンドルの分類・・・・・・・ *139*
　（a）微分可能ファイバーバンドルの特性類・・・・・ *139*
　（b）曲面バンドル・・・・・・・・・・・・・・・・ *141*
　（c）曲面の写像類群・・・・・・・・・・・・・・・ *143*
　（d）写像類群の曲面のホモロジー群への作用・・・・ *144*
　（e）曲面バンドルの分類・・・・・・・・・・・・・ *147*

§4.2　曲面バンドルの特性類・・・・・・・・・・・・ *148*
　（a）特性類の定義・・・・・・・・・・・・・・・・ *148*
　（b）曲面バンドルの特性類と Riemann 面のモジュライ空間 *150*
　（c）Gysin 準同型写像・・・・・・・・・・・・・・ *152*

§4.3　特性類の非自明性 (1)・・・・・・・・・・・・ *156*
　（a）分岐被覆・・・・・・・・・・・・・・・・・・ *156*
　（b）分岐被覆の構成・・・・・・・・・・・・・・・ *158*
　（c）第一特性類 e_1 の非自明性・・・・・・・・・・ *161*

§4.4　特性類の非自明性 (2)・・・・・・・・・・・・ *166*
　（a）曲面バンドルの構成法・・・・・・・・・・・・ *166*

（b）e_i の非自明性 ・・・・・・・・・・・・・・・ *172*
　　（c）特性類の代数的独立性 ・・・・・・・・・・・ *174*
　§4.5　特性類の応用 ・・・・・・・・・・・・・・・・ *177*
　　（a）Nielsen 実現問題 ・・・・・・・・・・・・・・ *177*
　　（b）無限群に対する Nielsen 実現問題 ・・・・・・・・ *178*
今後の方向と課題 ・・・・・・・・・・・・・・・・・・ *181*
参考文献 ・・・・・・・・・・・・・・・・・・・・・・ *185*
索　引 ・・・・・・・・・・・・・・・・・・・・・・・ *191*

de Rham ホモトピー理論 1

　M を C^∞ 多様体とする．有名な de Rham の定理は，M の実係数のコホモロジー群が，微分形式の言葉だけで記述できることを主張するものである．より詳しくは，$A^*(M)$ を M の de Rham 複体とするとき，自然な同型写像
$$H^*(A^*(M)) \cong H^*(M; \mathbb{R})$$
が存在するというのである．さてコホモロジー群の情報は，多様体 M の位相幾何学的な性質の中で重要なものには違いないが，ある意味ではまったく不十分なものとも言える．多様体の位相幾何学的な分類の基準としては，微分同相や位相同型によるもの，あるいは少し弱い基準としてホモトピー同値と呼ばれる基準がある．しかし，二つの多様体のコホモロジー群が同型であることと，それらのホモトピー型が等しいこととの間には，すでに大きな隔たりがある．de Rham ホモトピー理論とは，その名の通り de Rham 複体から多様体のコホモロジー群だけではなくホモトピー型の情報をも引き出そうという理論である．

　この章では，Sullivan の創始したこの理論の基礎的な部分を，原論文[58]，[59]と単連結の場合の良い解説書である[25]に従って簡単にまとめてみる．広範な応用と将来への展望も込めた詳しい内容については，原論文をぜひ参照してほしい．

§1.1 Postnikov 分解と有理ホモトピー型

(a) ホモロジー論とホモトピー論

与えられた図形あるいは空間を調べる位相幾何学的な方法として重要なものに，ホモロジー論とホモトピー論とがある．前者は Poincaré が 1900 年前後に，また後者は Hurewicz が 1930 年代にそれぞれ創始した．簡単に言えば，ホモロジー論では，図形を点，線分，三角形，そして一般には k 次元単体と呼ばれる，空間を構成する基本的な部品に分割し(三角形分割)，それらのつながり具合からホモロジー群と呼ばれる位相不変量を導き出すのであった．分割の仕方には，より柔軟性のある CW 複体による分割もある．念のために CW 複体の定義を簡単に復習しておこう．$D^n = \{x \in \mathbb{R}^n; \|x\| \leq 1\}$ を n 次元球体とし，$S^{n-1} = \partial D^n = \{x \in \mathbb{R}^n; \|x\| = 1\}$ をその境界の $n-1$ 次元球面とする．

定義 1.1 X を位相空間，$f : S^{n-1} \to X$ を連続写像とする．X と D^n との離散和において，各点 $x \in S^{n-1}$ と $f(x) \in X$ とを同一視して得られる空間

$$X \cup_f D^n$$

を X に n 胞体 $e^n = D^n \setminus S^{n-1}$ を f により接着(attach)した空間，あるいは単に接着空間と呼ぶ(図 1.1 参照)．f を**接着写像**(attaching map)という． □

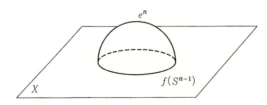

図 1.1 接着空間

上記の操作は，すぐ後に出てくる空間のホモトピー群の元を消す際に威力を発揮する．Hausdorff 空間 X が胞体 e_λ $(\lambda \in \Lambda)$ の離散和として表されており，各 n 胞体の接着写像の像が $n-1$ 次元以下の胞体の合併集合に含まれているとき，**胞複体**(cell complex)という．胞体の合併集合となっている X の

部分空間 Y は，それ自身胞複体となっているとき**部分複体**(subcomplex)という．

定義 1.2 胞複体 X は，つぎの二つの条件をみたすとき **CW 複体**(CW complex)という．

（ⅰ） 任意の胞体 e の閉包 $\bar{e}$ は X のある有限部分複体に含まれる．

（ⅱ） 部分集合 $U \subset X$ が開集合となるための必要十分条件は，各胞体 e に対して $\bar{e} \cap U$ が $\bar{e}$ の開集合となることである． □

条件(ⅰ)は閉包有限(closure finite)，条件(ⅱ)は弱位相(weak topology)と呼ばれる．CW 複体 X の n 次元以下の胞体全体 $X^{(n)}$ は部分複体となる．これを X の n **切片**(skeleton)という．CW 複体のホモロジー論で基本になるのは，e^n を X の n 胞体とするとき

$$H_k(X, X \setminus e^n) \cong \begin{cases} \mathbb{Z} & k = n \\ 0 & k \neq n \end{cases}$$

という事実である．

これに対してホモトピー論では，各次元の球面 S^n から調べたい空間への写像がどのくらい存在するかということを尺度として採用する．p_0 を S^n の基点とする．

定義 1.3 基点 x_0 をもつ位相空間 X に対し，S^n から X への基点を保つ連続写像のホモトピー類全体の集合 $[S^n, X]_0$ を

$$\pi_n(X, x_0)$$

と書く．$\pi_n(X, x_0)$ には自然に群の構造が入ることがわかる．そこでこれを X の x_0 に関する n 次元**ホモトピー群**(homotopy group)という． □

$\pi_1(X, x_0)$ は X の基本群であり，$n > 1$ のとき $\pi_n(X, x_0)$ は abel 群となる．$\pi_1(X, x_0)$ は自然に $\pi_n(X, x_0)$ に作用する．$\pi_n(X, x_0)$ の群構造は基点の選び方によらない．そこでこれを単に $\pi_n(X)$ と記すことが多い．ホモロジー群の定義に比べてホモトピー群の定義は単純である．しかしその見返りとして，ホモトピー群の計算はホモロジー群に比べて一般には格段に難しい．ただし，二つの空間 X, Y の積 $X \times Y$ については定義から直ちに $\pi_n(X \times Y) \cong$

$\pi_n(X) \times \pi_n(Y)$ となり，ホモロジー群の場合の Künneth の定理よりはるかに単純である．

ホモロジー論を展開する際の基本の一つは，空間対に関するホモロジー群の完全系列である．ホモトピー論でも同様のものはあるが，より重要なのはファイバー空間 $F \to E \to X$ に関するホモトピー群の完全系列である．

定義 1.4 E, B を位相空間とする．連続な全射 $\pi: E \to B$ が**ファイバー空間**(fiber space, fibration)であるとは，任意の $n \geq 0$ に対し π が n 次元立方体 I^n に関してつぎの意味で**被覆ホモトピー性質**(covering homotopy property)をもつことである．すなわち，任意の連続写像 $f: I^n \to E$ と $\bar{f} = \pi \circ f$ の任意のホモトピー $\bar{f}_t : I^n \times I \to B$ に対し，f のホモトピー $f_t : I^n \times I \to E$ で任意の $t \in I = [0,1]$ に対し $\pi \circ f_t = \bar{f}_t$ となるものが存在することである．このとき，$\pi^{-1}(b)$ $(b \in B)$ を b 上の**ファイバー**という． □

例 1.5 (i) ファイバーバンドルはファイバー空間の重要な例である．

(ii) X を弧状連結な位相空間とし x_0 をその基点とする．このとき，集合
$$\mathcal{P}X = \{\ell : [0,1] \to X;\ \ell(0) = x_0\}$$
にコンパクト開位相を入れたものを x_0 を始点とする X 上の**道の空間**(path space)という．$\pi : \mathcal{P}X \to X$ を $\pi(\ell) = \ell(1)$ と定義すれば，これはファイバー空間となる．x_0 上のファイバーはその点における閉じた道の全体，すなわち X の**閉道空間**(loop space)と呼ばれる空間でふつう ΩX と書かれる．$\mathcal{P}X$ は可縮であり，また X が CW 複体とホモトピー同値ならば ΩX もまたそうであることが知られている．

(iii) X, Y を位相空間，Y は弧状連結とする．このとき，任意の連続写像 $f: X \to Y$ はホモトピーの意味でファイバー空間と思えることを示そう．単位区間 I から Y への連続写像全体のつくる写像空間を $\mathrm{Map}(I, Y)$ と記し
$$\widetilde{X} = \{(x, \ell) \in X \times \mathrm{Map}(I, Y);\ \ell(0) = f(x)\} \subset X \times \mathrm{Map}(I, Y)$$
とおく．このとき，$i : X \to \widetilde{X}$ を $i(x) = (x, \ell_{f(x)})$ と定義すれば i はホモトピー同値となる．ただし $\ell_{f(x)}$ は $f(x)$ に停留する道を表す．写像 $\pi : \widetilde{X} \to Y$ を $\pi(x, \ell) = \ell(1)$ と定義すれば，これはファイバー空間となることがわかる．明らかに $\pi \circ i = f$ であるから，このファイバー空間はもとの写像 $f : X \to Y$ と

§1.1 Postnikov 分解と有理ホモトピー型───5

ホモトピーの意味で同値となる．このファイバー空間のファイバーを f のホモトピーファイバー(homotopy fiber)という． □

定理 1.6（ファイバー空間のホモトピー完全系列） $F \to E \to B$ をファイバー空間とする．このとき，完全系列

$$\cdots \longrightarrow \pi_{n+1}(X) \longrightarrow \pi_n(F) \longrightarrow \pi_n(E) \longrightarrow \pi_n(X) \longrightarrow \cdots$$

が存在する． □

定義 1.7 n を正の整数とし，π を群とする．ただし $n>1$ の場合には π は abel 群とする．位相空間 $K(\pi,n)$ は

$$\pi_k(K(\pi,n)) \cong \begin{cases} \pi & k = n \\ 0 & k \neq n \end{cases}$$

となっているとき，(π,n) 型の **Eilenberg–MacLane** 空間(Eilenberg-MacLane space)という． □

たとえば S^1 は $K(\mathbb{Z},1)$ であり，$\mathbb{C}P^\infty$ は $K(\mathbb{Z},2)$ である．一般に $K(\pi,1)$ となるような多様体，すなわち任意の $n>1$ に対して $\pi_n(M)=0$ となるような多様体を $K(\pi,1)$ 多様体と呼ぶ．同値な条件として普遍被覆多様体が可縮であるような多様体といってもよい．このような多様体でとくに重要なのは閉じた $K(\pi,1)$ 多様体であるが，たとえば負曲率をもつ閉多様体はすべてその例である．

定理 1.8 上記の定義にあるような任意の (π,n) に対して，CW 複体となる Eilenberg–MacLane 空間 $K(\pi,n)$ が存在し，それらはホモトピー同値を除いて一意的である．

［証明のスケッチ］ $n=1$ の場合には，まず群 π を生成元と関係式により表示する．0 胞体を 1 個用意し各生成元に対して 1 個ずつの 1 胞体をそれに接着する．つぎに各関係式をそれぞれ 1 個の 2 胞体を接着することにより実現する．こうして得られる 2 次元複体から出発して高次元ホモトピー群 $\pi_2, \pi_3, \cdots$ を，$k=3,4,\cdots$ に対して k 次元の胞体を接着することにより順次消していけば $K(\pi,1)$ が得られる．$n>1$ の場合にも基本的には同様である．abel 群 π を生成元と関係式で表示し，まず n 次元球面を生成元の数だけ用

意してそれらを1点で接着する．つぎに$n+1$胞体を接着して関係式を実現する．最後に高次元のホモトピー群$\pi_{n+1}, \pi_{n+2}, \cdots$を消去すればよい．一意性の証明はホモトピー同値に関するJ.H.C. Whiteheadの定理の簡単な応用として得られる．

$n>1$のとき$K(\pi, n)$は定義により$n-1$連結であるから，Hurewiczの定理により$H_n(K(\pi, n)) \cong \pi_n(K(\pi, n)) \cong \pi$となる．したがって普遍係数定理から
$$H^n(K(\pi, n); \pi) \cong \mathrm{Hom}(\pi, \pi)$$
となる．この同型により$\mathrm{id} \in \mathrm{Hom}(\pi, \pi)$に対応する元$\iota \in H^n(K(\pi, n); \pi)$を$K(\pi, n)$の**基本コホモロジー類**(fundamental cohomology class)という．つぎの定理はEilenberg–MacLane空間がコホモロジー理論の分類空間の役割を果たすことを示している．

定理1.9 XをCW複体とする．$n>1$あるいは$n=1$でπがabel群のとき，対応
$$[X, K(\pi, n)] \ni f \longmapsto f^*(\iota) \in H^n(X; \pi)$$
は全単射である．

[証明のスケッチ] $\alpha \in H^n(X; \pi)$を任意の元とし，それを代表するコサイクルを一つ選んでおく．写像$f: X \to K(\pi, n)$をXの$n-1$切片$X^{(n-1)}$上では$K(\pi, n)$の基点への定値写像，Xの各n胞体e^n上では$\alpha(e^n) \in \pi = \pi_n(K(\pi, n))$に対応する写像として構成する．$\alpha$がコサイクルであることから$f$は$X^{(n+1)}$へ拡張できる．さらに写像$f$の行き先が$K(\pi, n)$であることから，障害理論の簡単な応用により$X$全体に拡張できることがわかる．構成から明らかに$f^*(\iota) = \alpha$となる．したがって定理の対応が全射であることがわかった．つぎに二つの写像$f_i: X \to K(\pi, n)$ $(i=0, 1)$が与えられ，$f_0^*(\iota) = f_1^*(\iota)$と仮定する．まず$f_i$の$X^{(n-1)}$への制限はいずれも定値写像であるとしてよい．つぎに仮定から$f_0|_{X^{(n)}} \simeq f_1|_{X^{(n)}}$となる．行き先が$K(\pi, n)$であることから，ふたたび障害理論によりホモトピーが$X \times I$全体に拡張できることがわかり，証明が終わる．

（b） Postnikov 分解

　位相空間 X が与えられたとき，その三角形分割あるいは CW 複体としての分割を構成することができれば，その空間の（コ）ホモロジー的な構造の解明に都合がよい．しかしホモトピー的な構造を調べるためにはあまり役立つとはいえない．X のホモトピー型を Eilenberg–MacLane 空間を基本的な構成要素として記述したのが Postnikov 分解である．X とすべての次元のホモトピー群が同じ空間で最も簡単なものは，Eilenberg–MacLane 空間の積空間
$$K(\pi_1(X),1) \times K(\pi_2(X),2) \times \cdots$$
であろう．しかし一般には直積にはならず，それらがねじれたものになる．そのねじれ具合を記述するのが Postnikov 不変量である．

定理 1.10（Postnikov 分解）　任意の連結 CW 複体 X に対して，つぎの可換な図式がホモトピーの意味で一意的に存在する．

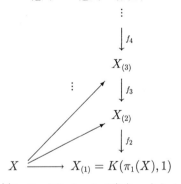

ここで任意の $i > n$ に対して $\pi_i(X_{(n)}) = 0$ であり，また $i \leqq n$ に対しては $\pi_i(X) \to \pi_i(X_{(n)})$ は同型である．さらに $f_n : X_{(n)} \to X_{(n-1)}$ はファイバー空間であり，そのファイバーは $K(\pi_n(X), n)$ である．

　［証明］　まず $X_{(1)}$ は X に $3, 4, \cdots$ 胞体を接着して $\pi_i(X)$ $(i = 2, 3, \cdots)$ を消した CW 複体とする．つぎに $X'_{(2)} \supset X$ を X の π_i $(i = 3, 4, \cdots)$ を消した空間とする．このとき，包含写像 $X \subset X_{(1)}$ は $X'_{(2)}$ にまで拡張されることが簡単にわかる．そこで，得られた写像 $X'_{(2)} \to X_{(1)}$ を例 1.5(iii) の方法でファイバー空間に置き換えたものを $f_2 : X_{(2)} \to X_{(1)}$ とする．ホモトピー完全系列から

f_2 のファイバーは $K(\pi_2(X),2)$ であることがわかる．以下同様の操作を続ければよい．

$X_{(k)}$ を X の k 次元の**余切片**(coskeleton)という場合がある．上記では，Eilenberg–MacLane 空間をファイバーとするファイバー空間が現れたが，それらの中で構造が比較的簡単にわかるものを取り上げる．まず任意のファイバー空間が与えられたとき，被覆ホモトピー性質からその底空間の基本群はファイバーにホモトピー同値として作用することを注意しておく．

定義 1.11 ファイバー空間 $K(\pi,n) \to E \to B$ は，$\pi_1(B)$ のファイバーへの作用が自明であり，$n=1$ の場合にはさらに π が abel 群であるとき，**主ファイバー空間**(principal fibration)という． □

例 1.12 定義から明らかに，底空間が単連結なファイバー空間はすべて主ファイバー空間である．とくに π を abel 群とするとき，$K(\pi,n+1)$ の道の空間の作るファイバー空間 $\mathcal{P}K(\pi,n+1) \to K(\pi,n+1)$ は主ファイバー空間であり，そのファイバーは $\Omega K(\pi,n+1) = K(\pi,n)$ である． □

主ファイバー空間を分類するために，与えられた主ファイバー空間 $K(\pi,n) \to E \to B$ がいつ自明なものとなるかを調べよう．そこで $i=0,1,\cdots$ に対して B の i 胞体ごとに切断を構成していく．簡単のためこのファイバー空間は B の各胞体上自明であるとする．このとき，ファイバーが $n-1$ 連結であることから障害理論により B の n 切片 $B^{(n)}$ までは切断が構成できる．そしてそれを $B^{(n+1)}$ に拡張するための第一障害類 $\mathfrak{o}(E)$ が $H^{n+1}(B;\pi)$ の元として定義される．これを主ファイバー空間の**特性コホモロジー類**(characteristic cohomology class)と呼ぶことにしよう．上記の例 1.12 の主ファイバー空間の特性コホモロジー類は，基本コホモロジー類 $\iota \in H^{n+1}(K(\pi,n+1);\pi)$ となることが簡単にわかる．

定義 1.13 同じ底空間 B 上の二つのファイバー空間 $E_i \to B$ $(i=0,1)$ は，各ファイバー $\pi^{-1}(b)$ $(b \in B)$ をそれ自身に移す写像 $h:E_0 \to E_1$, $\bar{h}:E_1 \to E_0$ で $h \circ \bar{h}$, $\bar{h} \circ h$ がそれぞれ E_1, E_0 の恒等写像とファイバーを保ったホモトピーで結べるとき，**ファイバーホモトピー同値**(fiber homotopy equivalence)という． □

§1.1 Postnikov 分解と有理ホモトピー型——9

$K(\pi,n)$ をファイバーとする主ファイバー空間に対しては，ファイバーホモトピー同値な二つのファイバー空間の特性コホモロジー類は一致することがわかる．

定理 1.14 CW 複体 B 上の $K(\pi,n)$ をファイバーとする主ファイバー空間のファイバーホモトピー同値類全体の集合は，特性コホモロジー類 $\mathfrak{o}(E) \in H^{n+1}(B;\pi)$ を対応させることにより，$H^{n+1}(B;\pi)$ と自然な 1 対 1 対応にある．

[証明のスケッチ] 任意の元 $\mathfrak{o} \in H^{n+1}(B;\pi)$ に対して，つぎのようなファイバー空間の引き戻しの可換図式を考える．

$$\begin{array}{ccc} \mathfrak{o}^*\mathcal{P}K(\pi,n+1) & \longrightarrow & \mathcal{P}K(\pi,n+1) \\ {\scriptstyle K(\pi,n)}\downarrow & & \downarrow {\scriptstyle K(\pi,n)} \\ B & \xrightarrow{\mathfrak{o}} & K(\pi,n+1) \end{array}$$

ただし $\mathfrak{o}:B\to K(\pi,n+1)$ は定理 1.9 により $\mathfrak{o}$ に対応する写像とする．このとき特性コホモロジー類の自然性から $\mathfrak{o}(\mathfrak{o}^*\mathcal{P}K(\pi,n+1)) = \mathfrak{o}^*(\iota) = \mathfrak{o}$ となる．ここで $\iota \in H^{n+1}(K(\pi,n+1);\pi)$ は基本コホモロジー類である．したがって定理の対応は全射である．つぎに，二つの主ファイバー空間 $K(\pi,n) \to E_i \to B$ ($i=0,1$) があって $\mathfrak{o}(E_0) = \mathfrak{o}(E_1)$ とする．まずファイバーが $n-1$ 連結であることから，$B^{(n)}$ 上 E_0 と E_1 はいずれも自明なファイバー空間とファイバーホモトピー同値となる．つぎに仮定から $B^{(n+1)}$ 上で両者はファイバーホモトピー同値となることがわかる．最後に，ファイバーのホモトピー群 π_i が $i \geq n+1$ で自明であることから，上のファイバーホモトピー同値は B 全体に拡張できることがわかり，証明が終わる． ∎

さて X を単連結な CW 複体とすれば，任意の n に対して余切片 $X_{(n)}$ もすべて単連結となる．したがって，その Postnikov 分解（定理 1.10 参照）に現れるファイバー空間

$$K(\pi_n(X),n) \longrightarrow X_{(n)} \longrightarrow X_{(n-1)}$$

は主ファイバー空間となる．その特性コホモロジー類

$$k^{n+1}(X) \in H^{n+1}(X_{(n-1)};\pi_n(X)) \quad (n=3,4,\cdots)$$

を X の **Postnikov 不変量**(Postnikov invariant)という．k 不変量という場合もある．このとき X のホモトピー型は，そのホモトピー群と Postnikov 不変量によって

$$X \simeq K(\pi_2(X), 2) \times_{k^4} K(\pi_3(X), 3) \times_{k^5} K(\pi_4(X), 4) \times \cdots$$

のように完全に記述することができる．基本群に関する条件はつぎのように少しゆるめることができる．

定義 1.15 位相空間 X は任意の $i \geq 1$ に対して $\pi_1(X)$ の $\pi_i(X)$ への作用がべき零であるとき，**べき零**(nilpotent)という．ただし一般に $\pi_1(X)$ の群 G への作用は，G の部分群の系列

$$G_0 = G \supset G_1 \supset G_2 \supset \cdots \supset G_s = \{1\}$$

が存在して，つぎの条件をみたすとき，べき零であるという．

（ i ） 各 G_k は $\pi_1(X)$ の作用で不変な部分群である．
（ ii ） G_{k+1} は G_k の正規部分群であり G_k/G_{k+1} は abel 群である．
（iii） $\pi_1(X)$ は G_k/G_{k+1} に自明に作用する． □

とくにべき零な空間の基本群はべき零群である．単連結な空間は明らかにべき零である．また基本群が abel 群で，その高次のホモトピー群への作用がすべて自明となる空間を**単純**(simple)というが，単純な空間もべき零である．つぎの定理は上の定義から比較的簡単に証明することができる．

定理 1.16 CW 複体 X がべき零であるための必要十分条件は，X の Postnikov 分解のつぎのような細分が存在することである．すなわち，任意の n に対して，ファイバー空間 $X_{(n)} \to X_{(n-1)}$ が有限個のファイバー空間の合成

$$X_{(n)} = X_{(n)}^0 \longrightarrow X_{(n)}^1 \longrightarrow \cdots \longrightarrow X_{(n)}^{s_n} = X_{(n-1)}$$

として書け，その各段階がすべて主ファイバー空間であるようなものが存在することである． □

このとき添え字を付け替えれば，主ファイバー空間のある系列 $K(\pi_m, d_m) \to X_m \to X_{m-1}$ $(m=1,2,\cdots)$ が X の細分化された Postnikov 分解を与えるということができる．$X_m \to X_{m-1}$ の特性コホモロジー類 $k_m \in H^{d_m+1}(X_{m-1}; \pi_m)$ はある写像 $k_m : X_{m-1} \to K(\pi_m, d_m+1)$ によって記述される．したがって，ベ

き零な空間のホモトピー型は単連結な場合とほぼ同様に記述されることがわかる.

例 1.17 基本群は abel 群であるがべき零でない空間の簡単な例として,実射影平面 $P\mathbb{R}^2$ がある.実際,$\pi_1(P\mathbb{R}^2) \cong \mathbb{Z}/2\mathbb{Z}$ の $\pi_2(P\mathbb{R}^2) \cong \mathbb{Z}$ への作用はべき零ではない. □

(c) 有理ホモトピー型

(a) 項で述べたように,ホモトピー群の計算は一般には非常に難しい.たとえば単純な図形である球面の場合でさえ,そのホモトピー群の完全な決定は不可能ともいえる.したがって Postnikov 不変量の情報も必要になるホモトピー型の決定は,さらに困難な問題となる.しかし有限位数の情報を無視し $\pi_i \otimes \mathbb{Q}$ のみを問う場合には,はるかに簡単な問題となる.それが**有理ホモトピー型**である.以後この項では,べき零な連結 CW 複体とホモトピー同値な位相空間全体とその間の連続写像のなすカテゴリー $\mathcal{N}_{CW}$ で考える.

定義 1.18 位相空間 $X \in \mathcal{N}_{CW}$ の基本群が $\mathbb{Q}$ 上のべき零 Lie 群であり,またすべてのホモトピー群 $\pi_i(X)$ $(i \geq 2)$ が $\mathbb{Q}$ 上のベクトル空間であるとき,X は**有理空間**(rational space)あるいは $\mathbb{Q}$ 空間であるという. □

たとえば $K(\mathbb{Q}, n)$ は典型的な $\mathbb{Q}$ 空間である.

定義 1.19 $X \in \mathcal{N}_{CW}$ を位相空間とする.連続写像 $\ell : X \to X_0$ はつぎの条件をみたすとき,0 における**局所化**(localization at 0)という.

(i) X_0 は $\mathbb{Q}$ 空間である.

(ii) 任意の $\mathbb{Q}$ 空間 Y と連続写像 $f : X \to Y$ に対して,連続写像 $f_0 : X_0 \to Y$ がホモトピーの意味で一意的に存在して,$f \simeq f_0 \circ \ell$ となる. □

上記の条件(ii)から,X_0 のホモトピー型は X により一意的に定まる.このような X_0 を X の**有理ホモトピー型**(rational homotopy type)という.X_0 の替わりに $X_\mathbb{Q}$ と書く場合もある.

定理 1.20(Sullivan [58]) べき零空間の間の写像 $\ell : X \to Y$ についてつぎの三条件は同値である.

(i) ℓ は 0 における局所化であり,したがってとくに $Y = X_0$ となる.

(ii) ℓ はホモトピー群を局所化する.すなわち,任意の $i>0$ に対して
$\ell_*: \pi_i(X) \to \pi_i(Y)$ は同型 $\pi_i(X) \otimes_{\mathbb{Z}} \mathbb{Q} \cong \pi_i(Y)$ を誘導する.

(iii) ℓ はホモロジー群を局所化する.すなわち,任意の $i>0$ に対して
$\ell_*: H_i(X) \to H_i(Y)$ は同型 $H_i(X) \otimes_{\mathbb{Z}} \mathbb{Q} \cong H_i(Y)$ を誘導する. □

上記で $\pi_1(X) \otimes \mathbb{Q}$ は $\pi_1(X)$ の Malcev 完備化(§1.4(c)参照)を表す.この定理をひとまず仮定すれば,X の有理ホモトピー型 X_0 は,つぎのようにして具体的に構成することができる.まず n 次元球面 S^n に対しては,$H_n(S^n) \cong \mathbb{Z}$ を $\mathbb{Q}$ にする必要がある.そこで任意の自然数 m に対して写像度が m の写像 $d_m: S^n \to S^n$ を用意し,$M(m) = S^n \times I \cup_{d_m} S^n$ をその写像柱とする.このとき自然な包含写像 $S^n = S^n \times \{0\} \subset M(m)$ の誘導する準同型 $H_n(S^n) \cong \mathbb{Z} \to H_n(M(m)) \cong \mathbb{Z}$ はちょうど m 倍する写像になる.つぎに自然な射影 $M(m) \to S^n$ と $d_{m'}: S^n \to S^n$ との合成写像の写像柱を $M(m, m')$ とすれば,自然な包含写像 $S^n \subset M(m, m')$ の誘導する準同型 $H_n(S^n) \cong \mathbb{Z} \to H_n(M(m, m')) \cong \mathbb{Z}$ はちょうど mm' 倍する写像となる.以下この操作を繰り返して無限に続く写像柱 $M(2, 3, \cdots)$ (図1.2参照)を S_0^n とおけば,包含写像 $S^n \subset S_0^n$ はホモロジー群を局所化することがわかる.したがって定理1.20により,S_0^n は実際 S^n の有理ホモトピー型となる.

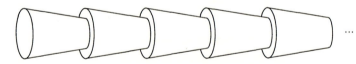

図1.2　n 次元球面の局所化

一般に X が単連結な CW 複体の場合には,つぎのようにすればよい.まず X の0胞体は1個,1胞体はないものと仮定してよい.n に関する帰納法により X の n 切片 $X^{(n)}$ の局所化 $\ell^{(n)}: X^{(n)} \to X_0^{(n)}$ を作ったとする.初めの自明でない n については,上記 S^n の局所化がそのまま使えることに注意する.e^{n+1} を X の $n+1$ 胞体とし,$f: S^n \to X^{(n)}$ をその接着写像とする.定理1.20から図式

§1.1 Postnikov 分解と有理ホモトピー型 ── 13

$$\begin{array}{ccc} S^n & \xrightarrow{f} & X^{(n)} \\ \ell \downarrow & & \downarrow \ell^{(n)} \\ S^n_0 & \xrightarrow{f_0} & X^{(n)}_0 \end{array}$$

をホモトピーの意味で可換にするような写像 $f_0 : S^n_0 \to X^{(n)}_0$ が存在する．そこで

$$X^{(n+1)}_0 = X^{(n)}_0 \bigcup_{\{f_0\}} \left(\cup_{e^{n+1}} \operatorname{Cone}(S^n_0) \right)$$

とおく．ここで $\operatorname{Cone}(S^n_0)$ は S^n_0 上の錐を表す．このとき自然な包含写像

$$X^{(n+1)} \longrightarrow X^{(n+1)}_0$$

はホモロジー群を局所化する．したがってそれは 0 における局所化である．そこで

$$X_0 = \bigcup_n X^{(n)}_0$$

とおけば X の有理ホモトピー型が得られる．

上記の 0 における局所化の構成は，X が CW 複体の場合にその胞体構造を利用したものである．これに対し，X の Postnikov 分解による構成も考えられる．まず π が abel 群ならば，自然な準同型 $\pi \to \pi \otimes \mathbb{Q}$ の誘導する写像 $K(\pi, n) \to K(\pi \otimes \mathbb{Q}, n)$ は明らかにホモトピー群を局所化する．したがってそれは $K(\pi, n)$ の 0 における局所化を与える．つぎに，X が一般の単連結空間である場合には，その Postnikov 分解(定理 1.10 参照)の各余切片に関する帰納法により X_0 を構成する．初めの段階では上記 $K(\pi, n)$ の場合がそのまま使える．帰納的に $X_{(n-1)}$ の局所化 $\ell_{(n-1)0} : X_{(n-1)} \to X_{(n-1)0}$ が定義されたとしよう．主ファイバー空間 $X_{(n)} \to X_{(n-1)}$ は Postnikov 不変量 $k^{n+1} \in H^{n+1}(X_{(n-1)}; \pi_n(X))$ によるファイバー空間

$$\mathcal{P}K(\pi_n(X), n+1) \longrightarrow K(\pi_n(X), n+1)$$

の引き戻しである．そこで

$$k^{n+1} \otimes \mathbb{Q} \in H^{n+1}(X_{(n-1)0}; \pi_n(X) \otimes \mathbb{Q}) \cong H^{n+1}(X_{(n-1)}; \pi_n(X) \otimes \mathbb{Q})$$

によるファイバー空間 $\mathcal{P}K(\pi_n(X) \otimes \mathbb{Q}, n+1) \to K(\pi_n(X) \otimes \mathbb{Q}, n+1)$ の引き戻

しを $X_{(n)0}$ とすればよい．このとき局所化の写像 $\ell_{(n)0}: X_{(n)} \to X_{(n)0}$ の存在もわかり帰納法が完成する．

上記の構成法は X が一般のべき零空間である場合にも，その細分化された Postnikov 分解(定理 1.16 参照)を使えば容易に適用できる．こうして定理 1.20 のつぎの系が得られる．

系 1.21 任意のべき零空間 X に対してその有理ホモトピー型 X_0 が定まる． □

[定理 1.20 の証明のスケッチ] 証明にはつぎの三つの事実(I),(II),(III) を使う．

(I)(写像の Postnikov 分解) $f: X \to Y$ を任意の連続写像とする．このとき，X, Y の適当な細分化された Postnikov 分解 $\{X_m \to X_{m-1}\}, \{Y_m \to Y_{m-1}\}$ を選び，それらの間の写像からなるつぎのようなホモトピー可換図式

$$\begin{array}{ccc} X_m & \xrightarrow{f_m} & Y_m \\ \downarrow & & \downarrow \\ X_{m-1} & \xrightarrow{f_{m-1}} & Y_{m-1} \\ \downarrow & & \downarrow \\ K(\pi_m, d_m+1) & \xrightarrow{k_m(f)} & K(\pi'_m, d_m+1) \end{array}$$

の系列により，f を記述することができる．ここで写像 $k_m(f): K(\pi_m, d_m+1) \to K(\pi'_m, d_m+1)$ は準同型写像 $f_*: \pi_*(X) \to \pi_*(Y)$ により誘導される．

(II) abel 群の間の任意の準同型写像 $\rho: \pi \to \pi'$ はつぎのホモトピー可換図式を誘導する．

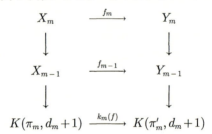

(III) 主ファイバー空間の間の写像からなる任意のホモトピー可換図式

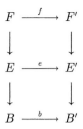

に対して,つぎの二つの事実が成立する.

(1) 三つの写像 $\{f,e,b\}$ の内の任意の二つがホモトピー群を局所化すれば,第三の写像もそうである.

(2) 三つの写像 $\{f,e,b\}$ の内の任意の二つがホモロジー群を局所化すれば,第三の写像もそうである.

これらの事実を使って定理 1.20 を証明しよう.まず写像 $\ell:X\to Y$ について定理の二つの条件(ii),(iii)は同値であることを示す.

初めに X,Y ともに $K(\pi,n)$ の場合を考える.二つの abel 群 π,π' に対する写像 $K(\pi,1)\to K(\pi',1)$ の場合には,主張はほとんど明らかである.なぜならば,どちらの条件も $\pi\otimes\mathbb{Q}\cong\pi'$ と同等だからである.つぎに一般の $n\geq 1$ に対する写像 $\ell:K(\pi,n)\to K(\pi',n)$ を考える.Hurewicz の定理により $\pi\cong H_n(K(\pi,n))$, $\pi'\cong H_n(K(\pi',n))$ であるから,もし ℓ がホモロジー群を局所化すれば $\pi'\cong\pi\otimes\mathbb{Q}$ となる.逆に ℓ がホモトピー群を局所化すると仮定する.このとき $\pi'=\pi\otimes\mathbb{Q}$ となる.このとき ℓ はホモロジー群を局所化することを示したい.これを n に関する帰納法で証明する.$n=1$ の場合はすでに上に示した通りである.$\pi'=\pi\otimes\mathbb{Q}$ という条件のもと上記(II)の可換図式に(III)を適用して帰納法の仮定を使えば ℓ がホモロジー群を局所化することがわかる.

つぎに一般の写像 $\ell:X\to Y$ について(ii)と(iii)の同値をいう.まず ℓ がホモトピー群を局所化すると仮定する.このとき上記(I)の写像の Postnikov 分解を ℓ に適用し,その各段階を $\ell_m:X_m\to Y_m$ とする.すでに証明した $K(\pi,n)$ の場合と(III)を使うことによって,m に関する帰納法で $\ell_m:X_m\to Y_m$ がホモロジー群を局所化することがわかる.したがって ℓ もそうである.逆に ℓ

がホモロジー群を局所化するとする．$\ell_0: X \to X_0$ を細分化された Postnikov 分解を使ってすでに上記で具体的に構成した 0 における局所化とする（系 1.21 参照）．構成から ℓ_0 はホモトピー群を局所化している．さて仮定から $\tilde{H}^*(Y, X; \mathbb{Q}) = 0$ であり，また X_0 のホモトピー群は $\mathbb{Q}$ 上のベクトル空間である．ここで障害理論を適用すれば，ある写像 $f: Y \to X_0$ が存在して $\ell_0 \simeq f \circ \ell$ となることがわかる．すでに証明したことから ℓ_0 はホモロジー群を局所化する．したがって結局 f はホモロジー群の同型を誘導することがわかる．ここでべき零空間に対する拡張された J.H.C. Whitehead の定理を使えば f はホモトピー同値となり，ホモトピー群の同型を誘導する．ℓ_0 はホモトピー群を局所化していることから ℓ もまたそうであることがわかり，証明が終わる．

つぎに条件(i)から(iii)がでることを示す．定義 1.19 の中の $\mathbb{Q}$ 空間として $K(\mathbb{Q}, n)$ をとり任意の写像 $f: X \to K(\mathbb{Q}, n)$ を考える．このとき $f \simeq f_0 \circ \ell$ となる写像 $f_0: Y \to K(\mathbb{Q}, n)$ の存在から $\ell^*: H^*(Y; \mathbb{Q}) \to H^*(X; \mathbb{Q})$ が全射となり，その一意性からそれはまた単射であることがわかる．したがって普遍係数定理から $\ell_*: H_*(X; \mathbb{Q}) \cong H_*(Y; \mathbb{Q})$ となる．ところが Y は $\mathbb{Q}$ 空間であるから $\tilde{H}^*(Y; \mathbb{Q}) \cong \tilde{H}_*(Y)$ である．したがって ℓ はホモロジー群を局所化する．

逆に条件(iii)から(i)がでること，すなわち $\ell: X \to Y$ がホモロジー群を局所化すればそれは 0 における局所化であることを示そう．Z を任意の $\mathbb{Q}$ 空間，$f: X \to Z$ を連続写像とする．Z のホモトピー群は $\mathbb{Q}$ 上のベクトル空間であるから，仮定から $H^*(Y, X; \pi_{*-1}(Z)) = 0$ となる．したがって障害理論により，ある写像 $\tilde{f}: Y \to Z$ が存在して $f \simeq \tilde{f} \circ \ell$ となる．つぎに $\tilde{f}': Y \to Z$ を同じ性質をもつ別の写像とする．このときホモトピー $\tilde{f}' \simeq \tilde{f}$ が存在するための障害は $H^*(Y, X; \pi_*(Z)) = 0$ にある．したがって $\tilde{f}$ はホモトピーの意味で一意的に存在することになり，ℓ は確かに 0 における局所化であることがわかった．これで定理 1.20 の証明は完了した． ∎

(d) いくつかの例

この項では有理ホモトピー理論に関連するいくつかの例を取り上げる．

命題 1.22 Eilenberg–MacLane 空間 $K(\mathbb{Z}, n), K(\mathbb{Q}, n)$ のコホモロジーは

§1.1 Postnikov 分解と有理ホモトピー型 —— 17

つぎのように与えられる.
 (i) $H^*(K(\mathbb{Z},2n);\mathbb{Q}) \cong H^*(K(\mathbb{Q},2n);\mathbb{Q}) \cong \mathbb{Q}[\iota]$
 (ii) $H^*(K(\mathbb{Z},2n+1);\mathbb{Q}) \cong H^*(K(\mathbb{Q},2n+1);\mathbb{Q}) \cong E_\mathbb{Q}(\iota)$

ここで $\iota \in H^n(K(\mathbb{Q},n);\mathbb{Q})$ は基本コホモロジー類であり,$E_\mathbb{Q}$ は $\mathbb{Q}$ 上の外積代数を表す.

[証明] n に関する帰納法を使う.$n=1$ に対しては $K(\mathbb{Z},1) = S^1$ であるから主張は明らかに成り立っている.そこでまず $2n-1$ の場合から $2n$ の場合を導こう.ファイバー空間(例 1.12 参照)

$$\Omega K(\mathbb{Z},2n) = K(\mathbb{Z},2n-1) \longrightarrow \mathcal{P}K(\mathbb{Z},2n) \longrightarrow K(\mathbb{Z},2n)$$

の $\mathbb{Q}$ 係数コホモロジーの Serre スペクトル系列を $\{E_r^{p,q}, d_r\}$ とする.$\mathcal{P}K(\mathbb{Z},2n)$ は可縮であるから $(p,q)=(0,0)$ 以外の場合は $E_\infty^{p,q}=0$ となる.自明でない可能性のある E_2 項は帰納法の仮定から $q=0, 2n-1$ の場合,すなわち

$$E_2^{p,0} \cong H^p(K(\mathbb{Z},2n);\mathbb{Q}), \quad E_2^{p,2n-1} \cong H^p(K(\mathbb{Z},2n);\mathbb{Q})$$

のみとなる.したがって $d_2 = \cdots = d_{2n-1} = 0$ かつ $E_2 = \cdots = E_{2n}$,$E_{2n+1} = E_\infty$ となる.そこで微分

$$d_{2n} : E_{2n}^{p,2n-1} \longrightarrow H_{2n}^{p+2n,0}$$

を調べよう.$K(\mathbb{Z},2n)$ は $2n-1$ 連結であり,$H^{2n}(K(\mathbb{Z},2n);\mathbb{Q}) \cong \mathbb{Q}$ は基本コホモロジー類 ι により生成される.したがって $p=0$ に対する微分 $d_{2n}: E_{2n}^{0,2n-1} \to E_{2n}^{2n,0}$ は同型となることがわかる.E_∞ 項が上述のように自明になることを使えば,準同型写像

$$\mathbb{Q}[\iota] \longrightarrow H^*(K(\mathbb{Z},2n);\mathbb{Q})$$

が同型となることが次数に関する帰納法で証明される.

つぎに $2n$ の場合から $2n+1$ の場合を導くためにファイバー空間

$$\Omega K(\mathbb{Z},2n+1) = K(\mathbb{Z},2n) \longrightarrow \mathcal{P}K(\mathbb{Z},2n+1) \longrightarrow K(\mathbb{Z},2n+1)$$

を考える.上記と同様のスペクトル系列について,E_2 項は

$$E_2^{p,2kn} \cong H^p(K(\mathbb{Z},2n+1);\mathbb{Q}) \otimes \mathbb{Q}(\iota^k)$$

となる.したがって $d_2 = \cdots = d_{2n} = 0$,$E_2 = \cdots = E_{2n+1}$ となる.$d_{2n+1}: E_{2n+1}^{0,2n} \to E_{2n+1}^{2n+1,0}$ は明らかに同型である.これから,任意の $k \geq 1$ に対して $d_{2n+1}: E_{2n+1}^{0,2kn} \to E_{2n+1}^{2n+1,2(k-1)n}$ もまた同型となることが簡単にわかる.これらのこ

とから主張は直ちに従う. ∎

例 1.23 奇数次元球面 S^{2n-1} の基本コホモロジー類 $\iota \in H^{2n-1}(S^{2n-1}; \mathbb{Q})$ の分類写像を
$$S^{2n-1} \longrightarrow K(\mathbb{Q}, 2n-1)$$
とすれば,上記の命題 1.22 からこれは $\mathbb{Q}$ 係数コホモロジー群の同型を誘導する.したがってこの写像は 0 における局所化を与える.すなわち $S_0^{2n-1} = K(\mathbb{Q}, 2n-1)$ となる.一方 Serre によって球面のホモトピー群はすべて有限生成であることが証明されている.したがって定理 1.20 から $\pi_i(S^{2n-1})$ は任意の $i > 2n-1$ に対して有限群となることがわかる. ∎

例 1.24 偶数次元の球面 S^{2n} に対しては基本コホモロジー類の分類写像 $S^{2n} \to K(\mathbb{Q}, 2n)$ による $\iota^2 \in H^{4n}(K(\mathbb{Q}, 2n); \mathbb{Q})$ の引き戻しは 0 である.したがって写像
$$S^{2n} \longrightarrow K(\mathbb{Q}, 2n) \times_{\iota^2} K(\mathbb{Q}, 4n-1)$$
が定義される.ここでスペクトル系列を使えば,上記の写像は $\mathbb{Q}$ 係数のコホモロジー群の同型を誘導することがわかる.したがってそれは S^{2n} の 0 における局所化を与える.再び上記の Serre の結果と定理 1.20 から $\pi_i(S^{2n}) \otimes \mathbb{Q}$ は $i = 2n, 4n-1$ に対して $\mathbb{Q}$ となり,それ以外の i に対するホモトピー群はすべて有限群となることがわかる. ∎

例 1.25 複素射影空間 $\mathbb{C}P^n$ の有理ホモトピー型を求めよう. $H^2(\mathbb{C}P^n; \mathbb{Q})$ の生成元の分類写像 $\mathbb{C}P^n \to K(\mathbb{Q}, 2)$ による $\iota^{n+1} \in H^{2n+2}(K(\mathbb{Q}, 2); \mathbb{Q})$ の引き戻しは 0 である.したがって写像
$$\mathbb{C}P^n \longrightarrow K(\mathbb{Q}, 2) \times_{\iota^{n+1}} K(\mathbb{Q}, 2n+1)$$
が定義される.ここでもスペクトル系列を使った議論により,上記の写像は $\mathbb{Q}$ 係数のコホモロジー群の同型を誘導することがわかる.したがってそれは $\mathbb{C}P^n$ の 0 における局所化を与える.これから
$$\pi_k(\mathbb{C}P^n) \otimes \mathbb{Q} \cong \begin{cases} \mathbb{Q} & k = 2, 2n+1 \\ 0 & \text{その他の場合} \end{cases}$$
となることがわかる. ∎

例 1.26 n 次元複素ベクトルバンドルの分類空間 $BGL(n,\mathbb{C}) \simeq BU(n)$ のコホモロジー代数は，Chern 類 $c_i \in H^{2n}(BGL(n,\mathbb{C});\mathbb{Z})$ $(i=1,\cdots,n)$ の生成する多項式代数となることが知られている．したがって
$$BGL(n,\mathbb{C})_0 = K(\mathbb{Q},2) \times \cdots \times K(\mathbb{Q},2n)$$
となる． □

例 1.27 ファイバーバンドル $U(n-1) \to U(n) \to S^{2n-1}$ のスペクトル系列の計算から，n に関する帰納法により
$$H^*(U(n);\mathbb{Q}) \cong H^*(S^1 \times S^3 \times \cdots \times S^{2n-1};\mathbb{Q})$$
となることがわかる．したがって
$$U(n)_0 = K(\mathbb{Q},1) \times K(\mathbb{Q},3) \times \cdots \times K(\mathbb{Q},2n-1)$$
となる．一般に単連結な Lie 群の有理ホモトピー型は，いくつかの奇数次元の球面の積のそれと同じになることが知られている． □

§1.2 次数付き微分代数の極小モデル

(a) 次数付き微分代数

定義 1.28 $K = \mathbb{Q}, \mathbb{R}$ または $\mathbb{C}$ とする．K 上の次数付きベクトル空間
$$\mathcal{A} = \bigoplus_{k \geq 0} \mathcal{A}^{(k)}$$
がさらにつぎのような構造を持っているとき，$\mathcal{A}$ を K 上の**次数付き微分代数**(differential graded algebra)という．

(i) 結合的な積 $x \in \mathcal{A}^{(k)}, y \in \mathcal{A}^{(\ell)} \Longrightarrow xy \in \mathcal{A}^{(k+\ell)}$ が定義され，$yx = (-1)^{k\ell} xy$ である．

(ii) 微分 $d: \mathcal{A}^{(k)} \to \mathcal{A}^{(k+1)}$ が定義され，$d \circ d = 0$ である．

(iii) $d(xy) = dx\, y + (-1)^k x dy$． □

次数付き微分代数は d.g.a. と略記されることが多い．本書でもそのようにする．同様に，次数付き代数は g.a. と略記する．C^∞ 多様体 M の de Rham 複体 $A^*(M) = \oplus_k A^k(M)$ は，最も重要な d.g.a. の例である．条件(ii)から $\mathcal{A}$ の d に関するコホモロジー群 $H^*(\mathcal{A})$ が定義され，それは微分が恒等的に 0,

すなわち $d \equiv 0$ であるような d.g.a. となる.

定義 1.29 d.g.a. $\mathcal{A}$ は $H^0(\mathcal{A}) = K$ のとき**コホモロジー連結**(cohomologically connected), $\mathcal{A}^{(0)} = K$ のとき**連結**(connected)という. また, $\mathcal{A}$ が次数付き代数として自由であるとき, すなわち, 次数が偶数の元の生成する多項式代数と, 次数が奇数の元の生成する外積代数とのテンソル積として表示できるとき, **自由な**(free) d.g.a. という. □

生成元 x_λ により生成される自由な g.a., すなわち
$$P[x_\lambda; \deg x_\lambda \text{ 偶数}] \otimes E(x_\lambda; \deg x_\lambda \text{ 奇数})$$
を簡単に
$$\Lambda(x_\lambda)$$
と書くことにする. ここで P, E はそれぞれ多項式代数と外積代数を表す. また, V を(有限次元)ベクトル空間とするとき, V の元により生成される自由な g.a. を $\Lambda(V)$ と記す. このとき, 断わらない限り V の各元の次数は一定(たとえば k)であると仮定する. このことを強調する場合には $\Lambda(V)_k$ と記すことにする.

定義 1.30 d.g.a. $\mathcal{A}$ が**極小**(minimal)であるとは, $\mathcal{A}$ が連結かつ自由であり, さらに d が分解可能(decomposable), すなわち
$$d(\mathcal{A}^+) \subset \mathcal{A}^+ \mathcal{A}^+$$
となっている場合をいう. ただし $\mathcal{A}^+ = \oplus_{k>0} \mathcal{A}^{(k)}$ とする. □

$\mathcal{B}$ を d.g.a. とする. 積と微分をとる演算に関して閉じている部分空間 $\mathcal{A} \subset \mathcal{B}$ を, $\mathcal{B}$ の部分 d.g.a. という.

定義 1.31 $\mathcal{B}$ を d.g.a. とし, $\mathcal{A} \subset \mathcal{B}$ を連結な部分 d.g.a. とする. ある有限次元ベクトル空間 V に対して g.a. としての同型
$$\mathcal{B} \cong \mathcal{A} \otimes \Lambda(V)_k$$
が存在し, 任意の元 $v \in V$ に対し $dv \in \mathcal{A}^{(k+1)}$ となっているとき, $\mathcal{A} \subset \mathcal{B}$ を **Hirsch 拡大**(Hirsch extension)あるいは初等拡大という. □

上記 Hirsch 拡大を微分 d も込めて
$$\mathcal{A} \otimes_d \Lambda(V)_k$$
と記すことにする. このとき対応

$$V \ni v \longmapsto [dv] \in H^{k+1}(\mathcal{A})$$

の表す元

$$\mathfrak{o} \in \mathrm{Hom}(V, H^{k+1}(\mathcal{A})) \cong H^{k+1}(\mathcal{A}, V^*)$$

を考え,これを Hirsch 拡大の**特性コホモロジー類**(characteristic cohomology class)と呼ぼう.二つの Hirsch 拡大 $\mathcal{A} \otimes_d \Lambda(V)$, $\mathcal{A} \otimes_{d'} \Lambda(V)$ は,$\mathcal{A}$ 上では恒等写像となるような d.g.a. としての同型が存在するとき,互いに同値な拡大と呼ぶ.つぎの命題の証明は簡単なので読者に委ねることにする.

命題 1.32 二つの Hirsch 拡大が同値となるための必要十分条件は,それらの特性コホモロジー類が一致することである. □

極小な d.g.a. $\mathcal{A}$ に対し,次数が k 以下の元で生成される部分代数を $\mathcal{A}^k$ と書けば,これは $\mathcal{A}$ の部分 d.g.a. となる.

定義 1.33 極小な d.g.a. $\mathcal{A}$ はつぎの条件をみたすとき**べき零**(nilpotent)であるという.すなわち,部分 d.g.a. の系列 $\mathcal{A}_0 = K \subset \mathcal{A}_1 \subset \mathcal{A}_2 \subset \cdots$ が存在して

(i) $\mathcal{A} = \cup_k \mathcal{A}_k$
(ii) 任意の k に対し $\mathcal{A}_k \subset \mathcal{A}_{k+1}$ は Hirsch 拡大
(iii) 任意の k に対しある m が存在して $\mathcal{A}^k \subset \mathcal{A}_m$

となっている.条件(i),(ii)のみをみたすとき**一般べき零**(generalized nilpotent)という. □

次数 1 の生成元のない極小な d.g.a. はつねにべき零であることが簡単にわかる.

例 1.34 次数がすべて 1 の元で生成された連結かつ自由な d.g.a. を**双対 Lie 代数**(dual Lie algebra)という.これは自動的に極小となる.$\mathcal{A}^{(1)}$ の基底を $\{x_k\}_k$ とし,微分

$$d: \mathcal{A}^{(1)} \longrightarrow \mathcal{A}^{(2)} = \Lambda^2(\mathcal{A}^{(1)})$$

が

$$dx_k = \sum_{i,j} a_{ij}^k x_i \wedge x_j$$

により与えられているとする.これらの双対をとってみよう.すなわち $\mathcal{A}^{(1)}$

の双対ベクトル空間を V とし，その双対基底を $\{x_k^*\}_k$ とする．d の双対は

$$[x_i^*, x_j^*] = \sum_k a_{ij}^k x_k^*$$

により定義される線形写像 $\Lambda^2 V \to V$ となる．このとき $d \circ d = 0$ と Jacobi の恒等式とが同値になることが簡単に確かめられ，V は Lie 代数となる．$\mathcal{A}$ が定義 1.33 の意味でべき零であることと，Lie 代数 V がべき零であることとは同値となる． □

（b） 極小モデル

二つの d.g.a. の間の線形写像 $f: \mathcal{A} \to \mathcal{B}$ は，それが g.a. としての準同型写像でありかつ微分をとる演算と交換可能であるとき，d.g.a. 写像という．このときコホモロジー群の間の準同型

$$f^*: H^*(\mathcal{A}) \longrightarrow H^*(\mathcal{B})$$

が誘導される．

定義 1.35 $\mathcal{A}$ を d.g.a. とし，i を負でない整数または ∞ とする．d.g.a. 写像

$$\rho: \mathcal{M} \longrightarrow \mathcal{A}$$

がつぎの条件をみたしているとき，これを $\mathcal{A}$ の i 極小モデル（i-minimal model）という．

（i） $\mathcal{M}$ は極小かつ一般べき零な d.g.a. であり，$\mathcal{M} = \mathcal{M}^i$ すなわち $\mathcal{M}$ は次数が i 以下の元で生成されている．

（ii） $\rho^*: H^*(\mathcal{M}) \to H^*(\mathcal{A})$ は $* \leq i$ で同型，$* = i+1$ のとき単射である．

$i = \infty$ のときには単に極小モデル（minimal model）という． □

例 1.36 球面 S^n の de Rham 複体 $A^*(S^n)$ の極小モデルは，n が奇数のときは $\rho: \Lambda(x) \to A^*(S^n)$ により，また n が偶数のときは $\rho: \Lambda(x, y) \to A^*(S^n)$ により与えられる．ここで $\deg x = n$, $\deg y = 2n-1$, $dx = 0$, $dy = x^2$ であり，$\rho(x)$ は S^n の体積要素とする． □

連続写像 $X \to Y$ の通常のホモトピー $X \times I \to Y$ の d.g.a. 版を考えれば，つぎのような定義が得られる．すなわち，二つの d.g.a. 写像 $f_i: \mathcal{A} \to \mathcal{B}$ ($i = 0, 1$)

は，ある d.g.a. 写像

$$H: \mathcal{A} \longrightarrow \mathcal{B}(t, dt)$$

が存在して，$H|_{t=0} = f_0$, $H|_{t=1} = f_1$ となるとき互いにホモトープであるという．ここで $\mathcal{B}(t,dt) = \mathcal{B} \otimes \Lambda(t,dt)$ であり，$\deg t = 0$, $\deg dt = 1$, $d(t) = dt$, $d(dt) = 0$ とする．$\Lambda(t,dt)$ は単位閉区間 $I = [0,1]$ の de Rham 複体のモデルである．

これに対して，通常のホモトピーの随伴写像(adjoint map) $X \to Y^I$ を使ったホモトピーの定義も考えられる．Sullivan は[59]において，写像空間 $Y^I = \text{Map}(I, Y)$ のモデルを構成することにより，d.g.a. 写像のホモトピーの別の定義を得た．理論的には(たとえばホモトピーが同値関係になることの証明が簡単になる等)後者の方が優れた面があるので，本書では以後これを使うことにする．まず Y^I のモデルはつぎのように構成される．

$\mathcal{A}_0$ を任意の d.g.a. とする．当面は $\mathcal{A}_0 = K$ として読んでいって差し支えない．$\mathcal{A} = \mathcal{A}_0(x_\alpha)$ を $\mathcal{A}_0$ に次数が正の自由な元 x_α 達をつぎつぎと添加してできる d.g.a. で，微分 dx_α は前の段階までの元の $\mathcal{A}_0$ を係数とする(次数付き代数の意味での)多項式として書けているものとする．すなわち，$\mathcal{A}$ は部分 d.g.a. の増大列

$$\mathcal{A}_0 \subset \mathcal{A}_1 \subset \cdots \subset \mathcal{A}_\ell \subset \cdots$$

で，$\mathcal{A}_{\ell-1}$ から $\mathcal{A}_\ell$ をつくるときに添加した任意の元 x_α に対し $dx_\alpha \in \mathcal{A}_{\ell-1}$ となっているようなものの合併として書けている．このとき各 x_α のコピー y_α と，次数が 1 小さな新しい生成元 $\bar{\delta}_\alpha$ を用意し

$$\mathcal{A}^I = \mathcal{A} \otimes_{\mathcal{A}_0} \mathcal{A}(\bar{\delta}_\alpha) = \mathcal{A}_0(x_\alpha, y_\alpha, \bar{\delta}_\alpha)$$

とおく．

命題 1.37 上記において $\mathcal{A} \otimes_{\mathcal{A}_0} \mathcal{A}$ の与えられた微分を拡張するような $\mathcal{A}^I$ の微分 d で

$$d\bar{\delta}_\alpha = \delta_\alpha - \eta_\alpha$$

の形のものを定義することができる．ここで $\delta_\alpha = x_\alpha - y_\alpha$ であり，η_α は $x_\alpha \in \mathcal{A}_\ell$ となるような最小の ℓ に対し $\eta_\alpha \in \mathcal{A}^I_{\ell-1}$ となっているものとする．さらに一般に $\mathcal{I}(\ )$ は括弧の中の元で生成されるイデアルを表すものとすれば，

$$\mathcal{I}(\bar{\delta}_\alpha, \delta_\alpha) = \mathcal{I}(\bar{\delta}_\alpha, d\bar{\delta}_\alpha)$$

であり，このイデアルは自明なコホモロジーをもつ．

[証明] ℓ に関する帰納法で証明する．$\mathcal{A}_0$ に添加した $\mathcal{A}_1$ の元 x_α に対して，$dx_\alpha \in \mathcal{A}_0$ であるから $d(x_\alpha - y_\alpha) = 0$ となる($\mathcal{A}_0 = K$ の場合には $dx_\alpha = 0$ である)．したがって $\eta_\alpha = 0$ とおくことができ，$d\bar{\delta}_\alpha = \delta_\alpha$ から $\mathcal{I}(\bar{\delta}_\alpha, \delta_\alpha) = \mathcal{I}(\bar{\delta}_\alpha, d\bar{\delta}_\alpha)$ となる．このとき自然な同型写像

(1.1) $\qquad \mathcal{A}_1^I \cong \mathcal{A}_0(x_\alpha) \otimes \Lambda(\bar{\delta}_\alpha, d\bar{\delta}_\alpha), \quad \mathcal{A}_1^I / \mathcal{I}(\bar{\delta}_\alpha, \delta_\alpha) \cong \mathcal{A}_1$

が存在する．ただし，α は上記のような生成元 $x_\alpha \in \mathcal{A}_1$ 全体をわたるものとする．$\Lambda(\bar{\delta}_\alpha, d\bar{\delta}_\alpha)$ は明らかに自明なコホモロジーをもつので，第一の同型から $H^*(\mathcal{A}_1^I) \cong H^*(\mathcal{A}_1)$ が得られる．したがって第二の同型から $\mathcal{I}(\bar{\delta}_\alpha, \delta_\alpha)$ のコホモロジーの自明性が得られる．こうして帰納法を始めることができる．命題の主張が $\mathcal{A}_{\ell-1}$ まで証明されたとして $\mathcal{A}_\ell$ の場合を考える．任意の生成元 $x_\alpha \in \mathcal{A}_\ell \setminus \mathcal{A}_{\ell-1}$ に対して明らかに

$$\mathcal{A}_{\ell-1}^I \ni d(x_\alpha - y_\alpha) \longmapsto 0 \in \mathcal{A}_{\ell-1} / \mathcal{I}_{\ell-1} \cong \mathcal{A}_{\ell-1}$$

となる．ここで $\mathcal{I}_{\ell-1}$ は $\mathcal{A}_{\ell-1}^I$ の対応するイデアルを表す．したがって $d(x_\alpha - y_\alpha) \in \mathcal{I}_{\ell-1}$ となるが，帰納法から $\mathcal{I}_{\ell-1}$ のコホモロジーは自明であるから，ある元 $\eta_\alpha \in \mathcal{I}_{\ell-1}$ が存在して $d\eta_\alpha = d(x_\alpha - y_\alpha)$ となる．そこで $d\bar{\delta}_\alpha = \delta_\alpha - \eta_\alpha$ とおくことができる．このとき $\mathcal{A}_\ell$ に対しても $\mathcal{I}(\bar{\delta}_\alpha, \delta_\alpha) = \mathcal{I}(\bar{\delta}_\alpha, d\bar{\delta}_\alpha)$ となり，式(1.1)で $\mathcal{A}_1, \mathcal{A}_0(x_\alpha)$ をそれぞれ $\mathcal{A}_\ell, \mathcal{A}_{\ell-1}(x_\alpha)$ に替えたものが成立する．したがって上記と同じ論法により $H^*(\mathcal{I}_\ell) = 0$ となり，帰納法が完結する． ■

$\mathcal{A}^I$ の微分 d は一意的ではないが，上記の証明から，任意の二つの微分は $\mathcal{A} \otimes_{\mathcal{A}_0} \mathcal{A}$ 上恒等写像であるような $\mathcal{A}^I$ の自己同型で互いに移りうることがわかる．

例 1.38 $\mathcal{A}^I$ はもちろん極小ではない．上記の定義に慣れるために一つ例をあげておく．$\mathcal{A} = \Lambda(x_1, x_2), dx_1 = 0, dx_2 = x_1^2$ とすれば

$$\mathcal{A}^I = \Lambda(x_1, y_1, \bar{\delta}_1, x_2, y_2, \bar{\delta}_2)$$

で，微分は $d\bar{\delta}_1 = x_1 - y_1 - \eta_1$, $d\bar{\delta}_2 = x_2 - y_2 - \eta_2$ (ただし $\eta_1 = 0$, $\eta_2 = \bar{\delta}_1(x_1 + y_1)$)で与えられる． □

定義 1.39 $\mathcal{A}, \mathcal{B}$ を d.g.a. とし $\mathcal{A}$ は $\mathcal{A} = \mathcal{A}_0(x_\alpha)$ の形に書けているものと

する．このとき，$\mathcal{A}_0$ 上では一致するような二つの d.g.a. 写像 $f_i:\mathcal{A}\to\mathcal{B}$ ($i=0,1$) は，自然な写像 $f_0\otimes f_1:\mathcal{A}\otimes_{\mathcal{A}_0}\mathcal{A}\to\mathcal{B}$ を拡張する d.g.a. 写像 $H:\mathcal{A}^I\to\mathcal{B}$ が存在するとき ($\mathcal{A}_0$ を止めて) 互いに**ホモトープ**(homotopic) といい，$H:f_0\simeq f_1$ (rel $\mathcal{A}_0$) と書く． □

命題 1.37 の証明の後の注意から，上記のホモトピーの定義は $\mathcal{A}^I$ の微分の取り方によらないことがわかる．つぎの命題は定義からほとんど明らかである．

命題 1.40 互いにホモトープな二つの d.g.a. 写像が誘導するコホモロジーの準同型写像は一致する． □

定理 1.41 (Sullivan [59]) $\mathcal{A}$ をコホモロジー連結な d.g.a. とする．このとき，任意の $0\leq i\leq\infty$ に対して i 極小モデル

$$\rho:\mathcal{M}\longrightarrow\mathcal{A}$$

が存在する．

i 極小モデルはつぎの意味で一意的である．すなわち，$\rho':\mathcal{M}'\to\mathcal{A}$ をもう一つの i 極小モデルとすれば，同型写像 $\varphi:\mathcal{M}\to\mathcal{M}'$ が存在して $\rho\simeq\rho'\circ\varphi$ となる．さらに同型写像 φ もホモトピーを除いて一意的に定まる． □

この定理の証明は存在については (c) 項で，また一意性については (d) 項で行う．そのためにまず一つ準備をする．

定義 1.42 d.g.a. 写像 $f:\mathcal{A}\to\mathcal{B}$ に対し，その**写像錐** (mapping cone) $\mathcal{C}$ をつぎのように定義する．まず

$$\mathcal{C}^{(n)}=\mathcal{A}^{(n)}\oplus\mathcal{B}^{(n-1)}$$

とおく．つぎに微分 $d:\mathcal{C}^{(n)}\to\mathcal{C}^{(n+1)}$ は

$$d(x,y)=(-dx,dy+f(x))\quad(x\in\mathcal{A}^{(n)},\ y\in\mathcal{B}^{(n-1)})$$

と定義する．このとき，$d\circ d=0$ であることが簡単に確かめられる． □

上記の写像錐 $\mathcal{C}$ には積が定義されておらず，それは単に微分の定義された次数付き加群 (graded module) である．写像錐を d.g.a. として構成することもできるが，ここでは簡単のため上記の定義を使うことにする．つぎの命題の証明は読者に委ねる．

命題 1.43 $f:\mathcal{A}\to\mathcal{B}$ を d.g.a. 写像，$\mathcal{C}$ をその写像錐とする．このとき，

つぎの Mayer-Vietoris 完全系列が存在する．

$$\cdots \longrightarrow H^*(\mathcal{C}) \xrightarrow{-p_1^*} H^*(\mathcal{A}) \xrightarrow{f^*} H^*(\mathcal{B}) \xrightarrow{i_2^*} H^{*+1}(\mathcal{C}) \longrightarrow \cdots.$$

ただし p_1 は第一成分への射影，i_2 は第二成分への包含写像とする． □

以後 $H^*(\mathcal{C})$ を $H^*(\mathcal{A},\mathcal{B})$ と書き，これを $f:\mathcal{A}\to\mathcal{B}$ の相対コホモロジー群 (relative cohomology group) と呼ぶ．

（c） 極小モデルの存在の証明

この項では定理 1.41 の主張のうち，極小モデルの存在の部分を証明する．

i 極小モデルの存在を i に関する帰納法により証明する．$i=0$ のときには定数の包含写像 $K\subset\mathcal{A}$ が明らかに 0 極小モデルとなる．$i\geqq 1$ として

$$\rho_0:\mathcal{N}\longrightarrow\mathcal{A}$$

を $i-1$ 極小モデルとする．このとき，つぎの Mayer-Vietoris 完全系列を考える．

$$\cdots \longrightarrow H^{i-1}(\mathcal{N}) \xrightarrow{\approx} H^{i-1}(\mathcal{A}) \longrightarrow H^i(\mathcal{N},\mathcal{A})=0 \longrightarrow$$
$$H^i(\mathcal{N}) \xrightarrow{\text{inj}} H^i(\mathcal{A}) \longrightarrow H^{i+1}(\mathcal{N},\mathcal{A}) \longrightarrow H^{i+1}(\mathcal{N}) \longrightarrow H^{i+1}(\mathcal{A}) \longrightarrow \cdots.$$

そこで $V=H^{i+1}(\mathcal{N},\mathcal{A})$ とおけば，つぎの短完全系列が得られる．

$$0\longrightarrow \mathrm{Cok}(H^i(\mathcal{N})\to H^i(\mathcal{A}))\longrightarrow V\longrightarrow \mathrm{Ker}(H^{i+1}(\mathcal{N})\to H^{i+1}(\mathcal{A}))\longrightarrow 0.$$

$\mathrm{Cok}(H^i(\mathcal{N})\to H^i(\mathcal{A}))$ の基底は

$$u_j\in\mathcal{A}^{(i)},\quad du_j=0$$

となるような $\{u_j\}_j$ により記述される．また $\mathrm{Ker}(H^{i+1}(\mathcal{N})\to H^{i+1}(\mathcal{A}))$ の基底は

$$v_k\in\mathcal{N}^{(i+1)},\quad dv_k=0$$

で，ある元 $w_k\in\mathcal{A}^{(i)}$ が存在して $\rho_0(v_k)=dw_k$ となるような $\{w_k\}_k$ により記述される．したがって V の基底として $\{\tilde{u}_j,\tilde{w}_k\}_{j,k}$ をとることができる．ここで $\tilde{u}_j,\tilde{w}_k$ はそれぞれ u_j,w_k のコピーを表す．そこで Hirsch 拡大

$$\mathcal{M}_1=\mathcal{N}\otimes_d\Lambda(V)_i$$

§1.2 次数付き微分代数の極小モデル——27

を考える．微分 $d:V\to\mathcal{N}^{(i+1)}$ は
$$d\tilde{u}_j=0,\quad d\tilde{w}_k=v_k$$
により定義する．帰納法の仮定から $\mathcal{N}=\mathcal{N}^{i-1}$ である．このことから $\mathcal{M}_1$ もまた一般べき零な極小 d.g.a. であることがわかる．$\rho_0:\mathcal{N}\to\mathcal{A}$ の拡張であるような写像
$$\rho_1:\mathcal{M}_1\longrightarrow\mathcal{A}$$
を
$$\rho_1(\tilde{u}_j)=0,\quad \rho_1(\tilde{w}_k)=w_k$$
により定義すれば，明らかに ρ_1 は d.g.a. 写像となる．さてつぎの可換図式を考えよう．

$$\begin{array}{ccccc}
\longrightarrow H^i(\mathcal{N}) \longrightarrow & H^i(\mathcal{A}) & \longrightarrow V=H^{i+1}(\mathcal{N},\mathcal{A}) \longrightarrow \\
\downarrow & \| & \downarrow \\
\longrightarrow H^i(\mathcal{M}_1) \xrightarrow{\approx} & H^i(\mathcal{A}) & \longrightarrow H^{i+1}(\mathcal{M}_1,\mathcal{A}) \longrightarrow \\
& H^{i+1}(\mathcal{N}) \longrightarrow & H^{i+1}(\mathcal{A}) \\
i^*\downarrow & & \| \\
& H^{i+1}(\mathcal{M}_1) \longrightarrow & H^{i+1}(\mathcal{A}) \longrightarrow
\end{array}$$

$\mathcal{M}_1$ は $\mathcal{N}$ に次数 i の元のみを添加して定義したものであるから，明らかに任意の $k\leq i-1$ に対して $H^k(\mathcal{N})\cong H^k(\mathcal{M}_1)$ となる．さらに定義から直ちに
$$H^i(\mathcal{M}_1)\cong H^i(\mathcal{N})\oplus(\oplus_j[\tilde{u}_j])\cong H^i(\mathcal{A})$$
となる．また，$\mathrm{Ker}(H^{i+1}(\mathcal{N})\to H^{i+1}(\mathcal{A}))\subset H^{i+1}(\mathcal{N})$ は，写像 $H^{i+1}(\mathcal{N})\to H^{i+1}(\mathcal{M}_1)$ により 0 に移される．さらに写像 $V\to H^{i+1}(\mathcal{M}_1,\mathcal{A})$ は 0 写像となることがわかる．

さて，もし $H^1(\mathcal{A})=0$ とすれば（この条件は幾何学的には図形が単連結の場合に相当する）$\mathcal{N}^{(1)}=0$ であるから，$\mathcal{M}_1^{(i+1)}=\mathcal{N}^{(i+1)}$ となる．したがって $H^{i+1}(\mathcal{M}_1)$ は $H^{i+1}(\mathcal{N})$ より増えることはなく，しかも，$\mathrm{Ker}(H^{i+1}(\mathcal{N})\to H^{i+1}(\mathcal{A}))$ は $\mathcal{M}_1$ では消えるように構成されている．このことから
$$H^{i+1}(\mathcal{M}_1)\longrightarrow H^{i+1}(\mathcal{A})$$
は単射（したがって $H^{i+1}(\mathcal{M}_1,\mathcal{A})=0$）であることがわかり，結局 $\rho_1:\mathcal{M}_1\to\mathcal{A}$

は $\mathcal{A}$ の i 極小モデルとなる。$\mathcal{N}$ がべき零ならば明らかに $\mathcal{M}_1$ もまたべき零となる。以上をまとめると、$H^0(\mathcal{A}) = H^1(\mathcal{A}) = 0$ ならばつぎのような極小モデル

$$\rho: \mathcal{M} \longrightarrow \mathcal{A}$$

が存在することがわかった。すなわち、$K = \mathcal{M}^0 = \mathcal{M}^1 \subset \mathcal{M}^2 \subset \mathcal{M}^3 \subset \cdots$ で任意の i に対し各 $\mathcal{M}^i \to \mathcal{A}$ は i 極小モデルであり、$\mathcal{M}^i \subset \mathcal{M}^{i+1}$ は Hirsch 拡大となっている。とくに $\mathcal{M}$ はべき零である。

$H^1(\mathcal{A}) \neq 0$ の場合には事情はやや複雑になる。写像 $H^{i+1}(\mathcal{M}_2) \to H^{i+1}(\mathcal{A})$ はもはや単射とは限らないため、その核を消すため次数 i の元を $\mathcal{M}_1$ に添加して $\mathcal{M}_2$ を作る必要がある。つぎに $H^{i+1}(\mathcal{M}_2) \to H^{i+1}(\mathcal{A})$ もまた単射とは限らないため、その核を消すため次数 i の元を $\mathcal{M}_2$ に添加して $\mathcal{M}_3$ を作る必要がある。以下同様にして $\mathcal{M}_k$ を作る。そして $\mathcal{M}_k$ すべての合併を $\mathcal{M}$ とし

$$\rho: \mathcal{M} = \bigcup_k \mathcal{M}_k \longrightarrow \mathcal{A}$$

を考えれば、$\rho^*: H^*(\mathcal{M}) \to H^*(\mathcal{A})$ は次数 i 以下で同型、次数 $i+1$ で単射となる。さて、もし $\mathcal{N}$ がべき零だとしても $\mathcal{M}$ は $\mathcal{N}$ に一般には無限回の Hirsch 拡大を施す必要があるのでべき零になるとは限らない。この問題はすでに初めの段階の $i=1$ で生じ

$$(1.2) \quad \begin{aligned} \mathcal{M}_0 = K \subset \mathcal{M}_{0,1} \subset \mathcal{M}_{0,2} \subset \cdots \subset \mathcal{M}_1 = \bigcup_k \mathcal{M}_{0,k} \\ \mathcal{M}_1 = \mathcal{M}_{1,0} \subset \mathcal{M}_{1,1} \subset \mathcal{M}_{1,2} \subset \cdots \subset \mathcal{M}_2 = \bigcup_k \mathcal{M}_{1,k} \end{aligned}$$

と進んで、上記のように i 極小モデルは

$$\mathcal{M}_{i-1} \subset \mathcal{M}_{i-1,1} \subset \mathcal{M}_{i-1,2} \subset \cdots \subset \mathcal{M}_i = \bigcup_k \mathcal{M}_{i-1,k}$$

のように $i-1$ 極小モデル $\mathcal{M}_{i-1}$ に無限回の Hirsch 拡大を施して得られる。そしてそれら全体の合併

$$\mathcal{M} = \bigcup_i \mathcal{M}_i$$

が、$\mathcal{A}$ の一般べき零な極小モデルとなる。その Hirsch 拡大を記述する順序

§1.2 次数付き微分代数の極小モデル —— 29

型はそのままでは ω^2 になってしまう．しかし，各段階での新しい生成元の微分に現れる前の段階までの生成元の数は有限個であるため，これらを（自然な方法ではなく人為的にはなるが）前の段階に組み入れることにより一般べき零の条件をみたすことがわかる．

以上で極小モデルの存在の証明は終わった．

(d) 極小モデルの一意性の証明

この項では定理 1.41 の後半部分，すなわち極小モデルの一意性を証明する．改めて主張を書くとつぎのようになる．$\mathcal{A}$ をコホモロジー連結な d.g.a. とし，二つの極小モデル $\rho:\mathcal{M}\to\mathcal{A}$, $\rho':\mathcal{M}'\to\mathcal{A}$ が与えられたとする．このとき図式

(1.3)
$$\begin{array}{ccc} \mathcal{M} & \xrightarrow{\rho} & \mathcal{A} \\ \varphi\downarrow & & \| \\ \mathcal{M}' & \xrightarrow{\rho'} & \mathcal{A} \end{array}$$

がホモトピーの意味で可換となるような同型写像 $\varphi:\mathcal{M}\cong\mathcal{M}'$ が存在し，さらにそのような φ はホモトピーの意味で一意的だというのである．定義から $\mathcal{M}$ は一般べき零であるから，Hirsch 拡大の増大列

(1.4) $\qquad \mathcal{M}_0 = K \subset \mathcal{M}_1 \subset \mathcal{M}_2 \subset \cdots \subset \mathcal{M}_\ell \subset \cdots$

の合併として記述される．そこで ℓ に関する帰納法により φ を構成することを考える．すると自然につぎの命題のような d.g.a. 写像の拡張問題が出てくる．具体的には命題の中の $\mathcal{N}, \mathcal{A}, f, \mathcal{B}$ をそれぞれ $\mathcal{M}_\ell, \mathcal{M}', \rho', \mathcal{A}$ に置き換えて適用する．

命題 1.44 $\mathcal{N}_0$ を任意の d.g.a. とする．$\mathcal{N} = \mathcal{N}_0(x_\alpha)$ を $\mathcal{N}_0$ に次数が正の自由な元 x_α 達をつぎつぎと添加してできる d.g.a. で各微分 dx_α は $\mathcal{N}_0$ を係数とする前の段階までに添加した元の多項式になっているものとする．さらに $\mathcal{N} \subset \tilde{\mathcal{N}} = \mathcal{N} \otimes_d \Lambda(V)_k$ を d.g.a. の拡大で任意の生成元 $x_\beta \in V$ に対し $dx_\beta \in \mathcal{N}$ となっているものとする．$\mathcal{N}_0$ 上では可換であるような d.g.a. 写像の図式

$$\begin{array}{ccc} \mathcal{N} & \xrightarrow{g} & \mathcal{A} \\ \downarrow & & \downarrow f \\ \mathcal{N} \otimes_d \Lambda(V)_k & \xrightarrow{g'} & \mathcal{B} \end{array}$$

において,$f \circ g$ と $g'|_{\mathcal{N}}$ の間に $\mathcal{N}_0$ を止めたホモトピー $H : \mathcal{N}^I \to \mathcal{B}$ が与えられているものとする.このとき,ある元

$$\mathfrak{o} \in \text{Hom}(V, H^{k+1}(\mathcal{A}, \mathcal{B}))$$

が存在してつぎの条件をみたす.

(i) $\mathfrak{o} = 0$ であるための必要十分条件は,g の拡張であるような d.g.a. 写像 $\tilde{g} : \mathcal{N} \otimes_d \Lambda(V)_k \to \mathcal{A}$ と H の拡張であるようなホモトピー $\tilde{H} : f \circ \tilde{g} \simeq g'$ (rel $\mathcal{N}_0$) が存在することである.

(ii) f が全射で $f \circ g = g'|_{\mathcal{N}}$ と仮定する.このとき $\mathfrak{o} = 0$ であるための必要十分条件は,g の拡張であるような d.g.a. 写像 $\tilde{g} : \mathcal{N} \otimes_d \Lambda(V)_k \to \mathcal{A}$ で $f \circ \tilde{g} = g'$ となるものが存在することである.

[証明] ホモトピーの定義 1.39 から,$\mathcal{N}^I = \mathcal{N}_0(x_\alpha, y_\alpha, \bar{\delta}_\alpha)$ と書け,さらに

$$d\bar{\delta}_\alpha = x_\alpha - y_\alpha - \eta_\alpha$$

の形をしている.また仮定から任意の元 $x_\beta \in V$ に対し $dx_\beta \in \mathcal{N}$ であるから,ある元 $\eta_\beta \in \mathcal{I}(\bar{\delta}_\alpha, d\bar{\delta}_\alpha) \subset \mathcal{N}^I$ が存在して

$$d(x_\beta - y_\beta) = d\eta_\beta$$

であり,また $H(dx_\beta) = f \circ g(dx_\beta)$,$H(dy_\beta) = g'(dx_\beta)$ である.そこで命題の中の元 $\mathfrak{o} \in \text{Hom}(V, H^{k+1}(\mathcal{A}, \mathcal{B}))$ は対応

$$V \ni x_\beta \longmapsto \mathfrak{o}(x_\beta) = [\xi_\beta] \in H^{k+1}(\mathcal{A}, \mathcal{B})$$

により定義する.ただし

$$\xi_\beta = (g(dx_\beta), -g'(x_\beta) - H(\eta_\beta)) \in \mathcal{A}^{(k+1)} \oplus \mathcal{B}^{(k)}$$

とおく.このとき

$$\begin{aligned} d\xi_\beta &= (-dg(dx_\beta), -dg'(x_\beta) - dH(\eta_\beta) + f \circ g(dx_\beta)) \\ &= (0, H(dx_\beta - dy_\beta - d\eta_\beta)) = (0, 0) \end{aligned}$$

から ξ_β は確かに d により閉じていることがわかる.

§1.2 次数付き微分代数の極小モデル――― 31

(i)を証明する.まず主張にあるような g, H の拡張 $\tilde{g}, \tilde{H}$ が存在したとする.このとき

$$d(-\tilde{g}(x_\beta), \tilde{H}(\bar{\delta}_\beta)) = (d\tilde{g}(x_\beta), d\tilde{H}(\bar{\delta}_\beta) - f \circ \tilde{g}(x_\beta))$$
$$= (\tilde{g}(dx_\beta), \tilde{H}(x_\beta - y_\beta - \eta_\beta) - f \circ \tilde{g}(x_\beta))$$
$$= (g(dx_\beta), -g'(x_\beta) - H(\eta_\beta))$$
$$= \xi(x_\beta)$$

となり,したがって $\mathfrak{o} = 0$ となる.

逆に $\mathfrak{o} = 0$ としよう.このとき,任意の $x_\beta \in V$ に対し x_β について線形な元 $w_\beta = (a_\beta, b_\beta) \in \mathcal{A}^{(k)} \oplus \mathcal{B}^{(k-1)}$ が存在して,$\xi_\beta = dw_\beta$,すなわち

(1.5)　　　$g(dx_\beta) = -da_\beta, \quad -g'(x_\beta) - H(\eta_\beta) = db_\beta + f(a_\beta)$

となる.そこで

(1.6)　　　　　　　$\tilde{g}(x_\beta) = -a_\beta, \quad \tilde{H}(\bar{\delta}_\beta) = b_\beta$

とおく.$\tilde{g}, \tilde{H}$ が微分 d と可換であることは

$$d\tilde{g}(x_\beta) = -da_\beta = g(dx_\beta) = \tilde{g}(dx_\beta),$$
$$d\tilde{H}(\bar{\delta}_\beta) = db_\beta = f \circ \tilde{g}(x_\beta) - g'(x_\beta) - H(\eta_\beta)$$
$$= \tilde{H}(x_\beta - y_\beta - \eta_\beta) = \tilde{H}(d\bar{\delta}_\beta)$$

からわかり,(i)の証明が終わる.

最後に(ii)を証明する.仮定から上記の構成で H として定数ホモトピー,すなわち $H(\bar{\delta}_\alpha) = 0$ とすることができる.したがって $H(\eta_\beta) = 0$ となる.f は全射であるから,ある元 $a'_\beta \in \mathcal{A}^{(k-1)}$ が存在して $b_\beta = f(a'_\beta)$ となる.このとき $w'_\beta = (a_\beta + da'_\beta, 0)$ とおけば $dw'_\beta = dw_\beta = \xi_\beta$ となる.したがって w_β の替わりに w'_β を使うことができ,$\tilde{g}(x_\beta) = -a_\beta - da'_\beta$ となる.これから $f \circ \tilde{g}(x_\beta) = g'(x_\beta)$ となり,命題の証明が終わる.∎

さて図式(1.3)にもどり,それをホモトピーの意味で可換にする写像 $\varphi : \mathcal{M} \cong \mathcal{M}'$ の存在を示そう.式(1.4)の ℓ について帰納的に $\varphi_\ell : \mathcal{M}_\ell \to \mathcal{M}'$ が構成されたとして図式

$$\begin{array}{ccc} \mathcal{M}_\ell & \xrightarrow{\varphi_\ell} & \mathcal{M}' \\ {\scriptstyle i}\downarrow & & \downarrow{\scriptstyle \rho'} \\ \mathcal{M}_{\ell+1} = \mathcal{M}_\ell \otimes_d \Lambda(V)_k & \xrightarrow{\rho} & \mathcal{A} \end{array}$$

を考え，つぎのステップ $\varphi_{\ell+1}:\mathcal{M}_{\ell+1}\to\mathcal{M}'$ を構成する．もし $\mathcal{M}\to\mathcal{A}$, $\mathcal{M}'\to\mathcal{A}$ が共に i 極小モデルならば $k\leqq i$ であり，$H^*(\mathcal{M}',\mathcal{A})=0$ $(*\leqq i+1)$ となる．ところが命題1.44から $\varphi_{\ell+1}$ を構成するための障害は
$$\mathrm{Hom}(V, H^{k+1}(\mathcal{M}',\mathcal{A}))=0$$
にあるので帰納法が進み，結局 φ の存在が示されたことになる．

つぎに図式(1.3)をホモトピーの意味で可換にする別の写像 $\varphi':\mathcal{M}\cong\mathcal{M}'$ があったとして，$\varphi\simeq\varphi'$ を示したい．もしそうだとすれば $\rho'\circ\varphi\simeq\rho$, $\rho'\circ\varphi'\simeq\rho$ から，$\rho'\circ\varphi\simeq\rho'\circ\varphi'$ となることが期待されるが，これはつぎの命題から正しいことがわかる．

命題1.45 $\mathcal{N}_0\subset\mathcal{N}$ を命題1.44と同じ仮定をみたすd.g.a.とし，$g:\mathcal{N}_0\to\mathcal{A}$ を任意のd.g.a.写像とする．このとき，$\mathcal{N}$ から $\mathcal{A}$ への $\mathcal{N}_0$ 上では g と一致するようなd.g.a.写像全体のつくる集合 $\mathrm{Map}(\mathcal{N},\mathcal{A};\mathrm{rel}\mathcal{N}_0)$ において，$\mathcal{N}_0$ を止めたホモトピーは同値関係となる．

[証明] 同値関係の三つの条件のうち，反射律と対称律が成立することは容易に確かめられるので，推移律のみを示せばよい．そこで $\mathcal{N}=\mathcal{N}_0(x_\alpha)$ のように自由な生成元 x_α により表されているとし，$f_i:\mathcal{N}\to\mathcal{A}$ $(i=0,1,2)$ を三つのd.g.a.写像で，二つのホモトピー
$$f_0\simeq f_1:\mathcal{N}^{I_1}\longrightarrow\mathcal{A}$$
$$f_1\simeq f_2:\mathcal{N}^{I_2}\longrightarrow\mathcal{A}$$
が与えられているとしよう．ここで
$$\mathcal{N}^{I_1}=\mathcal{N}_0(x_\alpha, y_\alpha, \bar{\delta}_\alpha), \quad \mathcal{N}^{I_2}=\mathcal{N}_0(y_\alpha, z_\alpha, \bar{\delta}'_\alpha)$$
と書いておく．ただし $\bar{\delta}'_\alpha$ は $\delta'_\alpha=y_\alpha-z_\alpha$ に対応する元である．このとき包含写像
$$\mathcal{N}_0(x_\alpha, z_\alpha)\subset\mathcal{N}_0(x_\alpha, y_\alpha, z_\alpha, \bar{\delta}_\alpha, \bar{\delta}'_\alpha)$$
を $\mathcal{N}_0(x_\alpha, z_\alpha, \bar{\delta}^*_\alpha)\supset\mathcal{N}_0(x_\alpha, z_\alpha)$ にまで拡張すればよい．ただし，$\bar{\delta}^*_\alpha$ は $\delta^*_\alpha=x_\alpha-$

§1.2 次数付き微分代数の極小モデル ―― 33

z_α に対応する元とする. 帰納的に $d\bar{\delta}^*_\alpha$ の行き先が定まったとして, $\bar{\delta}^*_\alpha$ の行き先を決めることにする. これらはすべてイデアル

$$\mathcal{I}(\bar{\delta}_\alpha, \bar{\delta}'_\alpha, \delta_\alpha, \delta'_\alpha)$$

の中だけの議論で実行することができる. ところが(1.1)のすぐ後の議論と同様にして, 上のイデアルは自明なコホモロジーをもつことがわかり, 証明が終わる. ∎

再び図式(1.3)にもどり, それをホモトピーの意味で可換にする同型写像が二つ $\varphi, \varphi' : \mathcal{M} \to \mathcal{M}'$ 与えられたとして, $\varphi \simeq \varphi'$ となることを証明する. まず上の命題 1.45 から $\rho' \circ \varphi \simeq \rho' \circ \varphi'$ となる. したがってそれらを結ぶホモトピー $H : \mathcal{M}^I \to \mathcal{A}$ が存在する. ここで $\mathcal{N}_0 = \mathcal{M} \otimes \mathcal{M}$ とおけば, $\mathcal{M}^I$ の定義から $\mathcal{M}^I = \mathcal{N}_0(\bar{\delta}_\alpha)$ の形に書けている. そこでつぎの可換な図式

$$\begin{array}{ccc} \mathcal{N}_0 & \xrightarrow{\varphi \otimes \varphi'} & \mathcal{M}' \\ \downarrow & & \downarrow{\rho'} \\ \mathcal{M}^I = \mathcal{N}_0(\bar{\delta}_\alpha) & \xrightarrow{H} & \mathcal{A} \end{array}$$

を考える. この図式に命題 1.44 を適用すれば, $\varphi \otimes \varphi'$ を拡張するような d.g.a. 写像 $\tilde{H} : \mathcal{M}^I \to \mathcal{M}'$ が存在する障害は

$$H^*(\mathcal{M}', \mathcal{A})$$

にあることがわかる. ところが $\rho' : \mathcal{M}' \to \mathcal{A}$ は極小モデルであるから, 上記の群は自明である. したがって, $\tilde{H}$ が存在することになるがこれは φ と φ' をつなぐホモトピーに他ならない.

最後に $\varphi : \mathcal{M} \to \mathcal{M}'$ が同型写像となることは, つぎの命題からしたがう.

命題 1.46 $\mathcal{M}, \mathcal{M}'$ を一般べき零で極小な d.g.a. とし, どちらも i 次以下の元で生成されているものとする. ただし $i = 1, 2, \cdots, \infty$ とする. もしある d.g.a. 写像

$$\varphi : \mathcal{M} \longrightarrow \mathcal{M}'$$

が存在して, それが誘導する準同型写像 $\varphi^* : H^*(\mathcal{M}) \to H^*(\mathcal{M}')$ は次数 i まで同型かつ次数 $i+1$ で単射とする. このとき, φ は同型写像となる.

[証明] まず $\mathcal{M}$ の d について閉じている元のうち, 次数が正で最小 (n_1

とする)のもの全体を V_1 とすれば, 自然な同型 $V_1 \cong H^{n_1}(\mathcal{M})$ が存在することがわかる. $\mathcal{M}'$ についても同様に考え, $V'_1 \cong H^{n_1}(\mathcal{M}')$ を対応する自然な同型とする. このとき仮定から $n'_1 = n_1$ かつ φ は V_1 を V'_1 に同型に移すことがわかる. そこで $\mathcal{M}_1 = \Lambda(V_1)$, $\mathcal{M}'_1 = \Lambda(V'_1)$ とおけば, これらはそれぞれ $\mathcal{M}, \mathcal{M}'$ の部分 d.g.a. となる. つぎに $\mathcal{M}/\text{ideal}\,\mathcal{M}_1^+ = \mathcal{F}_1$ とおき, 同型 $\mathcal{M} \cong \mathcal{M}_1 \otimes \mathcal{F}_1$ を一つ選ぶ. $\mathcal{M}'$ についても同様の同型写像 $\mathcal{M}' \cong \mathcal{M}'_1 \otimes \mathcal{F}'_1$ で $\varphi(\mathcal{F}_1) \subset \mathcal{F}'_1$ となるようなものを構成できる. $\mathcal{F}_1$ の斉次元 x で $dx \in \mathcal{M}_1$ となるようなもののうち, 次数が正で最小(n_2 とする)のもの全体を V_2 とする. $\mathcal{M}'$ についても同様に V'_2 を構成し, その次数を n'_2 とする. このとき $(-dx, x)$ は包含写像 $\mathcal{M}_1 \to \mathcal{M}$ の相対コサイクルとなり, したがってコホモロジー群 $H^{n_2+1}(\mathcal{M}_1, \mathcal{M})$ の元を定めるが, さらにこの対応は同型 $V_2 \cong H^{n_2+1}(\mathcal{M}_1, \mathcal{M})$ を誘導することがわかる. そして命題 1.43 から完全系列

$$0 \longrightarrow H^{n_2}(\mathcal{M}_1) \longrightarrow H^{n_2}(\mathcal{M}) \longrightarrow V_2 \longrightarrow H^{n_2+1}(\mathcal{M}_1) \longrightarrow H^{n_2+1}(\mathcal{M}) \longrightarrow \cdots$$

が得られる. この完全系列と $\mathcal{M}'$ の対応する完全系列とを比較し, 二つの同型 $\mathcal{M}_1 \cong \mathcal{M}'_1$, $\varphi^* : H^*(\mathcal{M}) \cong H^*(\mathcal{M}')$ を使えば, $n'_2 = n_2$ かつ $\varphi : V_2 \cong V'_2$ となることが結論できる. そこで $\mathcal{M}_2 = \mathcal{M}_1 \otimes \Lambda(V_2) \subset \mathcal{M}$ とおき, $\mathcal{M}'_2 \subset \mathcal{M}'$ も同様に定義すれば, $\varphi : \mathcal{M}_2 \cong \mathcal{M}'_2$ となる. この操作を帰納的に続けていけば, コホモロジーの同型を誘導する部分 d.g.a. $\mathcal{M}_\infty \subset \mathcal{M}$, $\mathcal{M}'_\infty \subset \mathcal{M}'$ で $\varphi : \mathcal{M}_\infty \cong \mathcal{M}'_\infty$ となるようなものが構成される. ただし一般には順序型が ω^2 の帰納法が必要となる(式(1.2)とそれに続く記述参照).

最後に $\mathcal{M}_\infty = \mathcal{M}$ であることを示せば証明が終わることになる. なぜならば, 同様の議論から $\mathcal{M}'_\infty = \mathcal{M}'$ となり結局 $\varphi : \mathcal{M} \cong \mathcal{M}'$ となるからである. もし $\mathcal{M}_\infty \neq \mathcal{M}$ と仮定すれば, $\mathcal{M}$ の自由な生成元で $\mathcal{M}_\infty$ に属さないものが存在する. $\{x_\alpha\}$ をそのような元で次数が最小(それを k とする)のものの全体とする. 仮定から $\mathcal{M}$ は一般べき零であるから, Hirsch 拡大の増大列

$$\mathcal{M}_0 = K \subset \mathcal{M}_1 \subset \cdots \subset \mathcal{M}_\ell \subset \cdots$$

の合併として書けている. そこで包含関係に関して一番初めにある $\mathcal{M}_\ell$ に現れる x_α を単に x と書こう. このとき dx は分解可能であるから有限個の生成

元 y_i で記述することができるが,それはまた $\mathcal{M}_\ell$ より前の段階に属すので y_i の次数はすべて k より真に小さくなる.したがって $dx \in \mathcal{M}_\infty$ となる.さてコホモロジー類 $[dx] \in H^{k+1}(\mathcal{M}_\infty)$ を考えれば,$H^*(\mathcal{M}_\infty) \cong H^*(\mathcal{M})$ から $[dx] = 0$ となる.したがって,ある元 $y \in \mathcal{M}_\infty$ が存在して $dx = dy$ となる.そこで $[x-y] \in H^k(\mathcal{M})$ を考えれば,再び上の同型から,ある元 $z \in \mathcal{M}_\infty$, $w \in \mathcal{M}$ が存在して $x - y + dw = z$ となる.このとき $x = y - dw + z$ となるが w の次数は $k-1$ であるから $w \in \mathcal{M}_\infty$ である.したがって $x \in \mathcal{M}_\infty$ となるがこれは矛盾である.こうしてすべての証明が終わった.　∎

極小モデルの存在と一意性の証明は命題 1.44 を使っておこなったのであるが,その証明を吟味すれば,つぎの一般的な定理が証明されていることがわかる.

定理 1.47 $f: \mathcal{A} \to \mathcal{B}$ を d.g.a. 写像とし,コホモロジーの同型 $H^*(\mathcal{A}) \cong H^*(\mathcal{B})$ を誘導するものとする.このとき,任意の一般べき零で極小な d.g.a. $\mathcal{M}$ に対して,自然な写像 $[\mathcal{M}, \mathcal{A}] \to [\mathcal{M}, \mathcal{B}]$ は全単射である.ここで $[\mathcal{M}, \mathcal{A}]$ は $\mathcal{M}$ から $\mathcal{A}$ への d.g.a. 写像のホモトピー類の集合を表す.　∎

系 1.48 $\mathcal{A}, \mathcal{B}$ をコホモロジー連結な d.g.a. とし,$f: \mathcal{A} \to \mathcal{B}$ を d.g.a. 写像とする.また $\rho_A: \mathcal{M}_A \to \mathcal{A}$,$\rho_B: \mathcal{M}_B \to \mathcal{B}$ をそれぞれ $\mathcal{A}, \mathcal{B}$ の極小モデルとする.このとき,つぎの図式

$$\begin{array}{ccc} \mathcal{M}_A & \xrightarrow{\rho_A} & \mathcal{A} \\ \hat{f} \downarrow & & \downarrow f \\ \mathcal{M}_B & \xrightarrow{\rho_B} & \mathcal{B} \end{array}$$

をホモトピーの意味で可換にするような d.g.a. 写像 $\hat{f}: \mathcal{M}_A \to \mathcal{M}_B$ がホモトピーの意味で一意的に存在する.

[証明] 定理 1.47 において $\mathcal{A} = \mathcal{M}_B$, $f = \rho_B$, $\mathcal{B} = \mathcal{B}$, $\mathcal{M} = \mathcal{M}_A$ とおけばよい.　∎

§1.3 主定理

(a) 単体複体上の微分形式

C^∞ 多様体 M の de Rham 複体 $A^*(M)$ は $\mathbb{R}$ 上の d.g.a. であり，そこから M の有理ホモトピー型に関する情報を引き出すのは一般には原理的に不可能である．M の $\mathbb{Z}$ 上のサイクルが十分多く与えられていれば，その上の積分の値を調べることにより与えられた閉形式がいつ有理コホモロジー類を代表するかどうかはわかる．しかし，これは $A^*(M)$ に内在する構造とはいえない．そこで $\mathbb{Q}$ 上の情報を引き出すために考えられたのが，単体複体の de Rham 理論である．

単体複体の de Rham 複体を定義するために，まず標準的 k 単体

$$\Delta^k = \{(t_0, t_1, \cdots, t_k) \in \mathbb{R}^{k+1};\ t_i \geqq 0,\ \sum_i t_i = 1\}$$

を考える．

定義 1.49

（ⅰ） $\mathbb{R}^{k+1}$ 上の C^∞ 微分形式の Δ^k への制限を Δ^k 上の C^∞ 形式という．

（ⅱ） $\mathbb{Q}$ 係数の多項式 $f_I(t_0, \cdots, t_k) \in \mathbb{Q}[t_0, t_1, \cdots, t_k]$ を係数とする

$$\sum_{I=(i_1\cdots i_r)} f_I(t_0, \cdots, t_k)\, dt_{i_1} \wedge \cdots \wedge dt_{i_r}$$

という形の微分形式の Δ^k への制限を $\mathbb{Q}$ 多項式形式と呼ぶ． □

Δ^k 上の C^∞ 形式の全体を $A^*(\Delta^k)$，$\mathbb{Q}$ 多項式形式の全体を $A^*_\mathbb{Q}(\Delta^k)$ と記すことにする．$\Delta^r \subset \Delta^k$ を任意の辺とすれば，微分形式を制限する写像 $A^*(\Delta^k) \to A^*(\Delta^r)$ が定義される．$\mathbb{Q}$ 多項式形式についても同様である．

定義 1.50 K を単体複体とする．

$$A^*(K) = \{(\omega_\sigma)_{\sigma \in K};\ \omega_\sigma \in A^*(\sigma),\ \tau\text{ が }\sigma\text{ の辺ならば }\omega_\sigma|_\tau = \omega_\tau\}$$

とおき，これを K の C^∞ de Rham 複体という．また $A^*_\mathbb{Q}(K)$ も同様に定義する．

部分複体 $L \subset K$ が与えられたときには

§1.3 主定理 —— 37

$$A^*(K,L) = \{\omega \in A^*(K);\ 任意の\sigma \in L に対して \omega_\sigma = 0\}$$

とおく. $A_\mathbb{Q}^*(K,L)$ も同様に定義する. □

微分形式の通常の外微分と積はそのまま $A^*(K,L)$, $A_\mathbb{Q}^*(K,L)$ にも定義される. すなわち

$$d(\omega_\sigma) = (d\omega_\sigma), \quad (\omega_\sigma) \wedge (\tau_\sigma) = (\omega_\sigma \wedge \tau_\sigma)$$

とおく. これにより $A^*(K,L)$, $A_\mathbb{Q}^*(K,L)$ はそれぞれ $\mathbb{R}, \mathbb{Q}$ 上の d.g.a. となる. 各単体の上で積分する操作により, 自然な写像

$$I:\ A^*(K,L) \ni (\omega_\sigma) \longmapsto \{\sigma \mapsto \int_\sigma \omega_\sigma\} \in C^*(K,L;\mathbb{R})$$

$$I:\ A_\mathbb{Q}^*(K,L) \ni (\omega_\sigma) \longmapsto \{\sigma \mapsto \int_\sigma \omega_\sigma\} \in C^*(K,L;\mathbb{Q})$$

が定義され, これは Stokes の定理により微分作用素と可換となる. ここで第二の写像については, 任意の $\mathbb{Q}$ 多項式形式の単体上の積分は有理数となることを使った. したがって, I はコホモロジー群の間の準同型を誘導する.

定理 1.51 (単体複体に対する de Rham の定理) K を単体複体とする. このとき, 積分が定義する写像 I は代数としての同型写像

$$H^*(A^*(K)) \cong H^*(K;\mathbb{R})$$

$$H^*(A_\mathbb{Q}^*(K)) \cong H^*(K;\mathbb{Q})$$

を誘導する. 部分複体 $L \subset K$ に関する相対コホモロジーについても同様である.

[証明] まず定理が Δ^k に対して成立することを示す. $A^*(\Delta^k)$ については既知として $A_\mathbb{Q}^*(\Delta^k)$ を考える. Δ^k 上で座標と 1 形式の間に成り立つ関係は

$$t_0 + \cdots + t_k = 1, \quad dt_0 + \cdots + dt_k = 0$$

のみであることから, 自然な同型

$$A_\mathbb{Q}^*(\Delta^k) \cong \mathbb{Q}[t_1, \cdots, t_k] \otimes E_\mathbb{Q}(dt_1, \cdots, dt_k)$$

が存在することがわかる. 右辺の d.g.a. のコホモロジーが自明であることは, 簡単に確かめられる.

つぎに任意の部分複体 $L \subset K$ に対して, 制限が誘導する写像

$$A_\mathbb{Q}^*(K) \longrightarrow A_\mathbb{Q}^*(L)$$

は全射であることを示す. $\omega = (\omega_\tau)_{\tau \in L} \in A^*(L)$ を任意の元とする. $\sigma \in K \setminus L$

を k 単体とし, そのある $k-1$ 次元の辺 $\tau \prec \sigma$ は L に属するものと仮定する. τ の反対側の頂点を v とし, σ の座標 $t_0, \cdots, t_k$ を $t_k=1$ が v に対応するようにとる. このとき, v からの立体射影 $\pi : \sigma \setminus \{v\} \to \tau$ を

$$\pi(t_0, \cdots, t_k) = \frac{1}{1-t_k}(t_0, \cdots, t_{k-1})$$

により定義する. このとき

$$d\left(\frac{1}{1-t_k}\right) = \frac{1}{(1-t_k)^2}\, dt_k$$

であるから, N を十分大きくとれば

$$\omega_1 = (1-t_k)^N \pi^* \omega_\tau$$

は σ 上の $\mathbb{Q}$ 多項式形式となり, また明らかに $\omega_1|_\tau = \omega_\tau$ となる. つぎに σ の別の $k-1$ 次元の辺 $\tau' \neq \tau$ も L に属しているとする. このときは, τ' の反対側の頂点を v' とし $\omega_{\tau'} - \omega_1|_{\tau'}$ に対して上記と同じ操作をほどこして得られる σ 上の $\mathbb{Q}$ 多項式形式を ω_2 とする (図 1.3 参照). 構成から

$$\omega_2|_{\tau'} = \omega_{\tau'} - \omega_1|_{\tau'}, \quad \omega_2|_\tau = 0$$

となる. 第二の式は

$$(\omega_{\tau'} - \omega_1|_{\tau'})|_{\tau \cap \tau'} = 0$$

から従う. したがって $\omega_1 + \omega_2$ は σ 上の $\mathbb{Q}$ 多項式形式であり

$$(\omega_1 + \omega_2)|_\tau = \omega_\tau, \quad (\omega_1 + \omega_2)|_{\tau'} = \omega_{\tau'}$$

となる. こうして, L に属す σ の $k-1$ 次元の辺のすべてについて同様の操

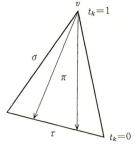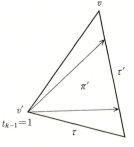

図 1.3

§1.3 主定理 —— 39

作を繰り返せば，σ 上の $\mathbb{Q}$ 多項式形式でその $\sigma \cap L$ への制限が ω の同じ所への制限に等しいものが構成できる．この構成を $K \setminus L$ のすべての単体に対して行えば目的の微分形式が得られる．C^∞ 形式の場合には，上の議論で，$(1-t_k)^N$ の替わりに v の近傍で 0，τ の近傍で 1 となるような σ 上の C^∞ 関数を使えばよい．

以上の準備のもとに $\dim K = n$ に関する帰納法により定理を証明する．証明は同じなので C^∞ 形式の場合のみを示す．$n = 0$ の場合は明らかである．そこで $\dim K < n$ のとき正しいとして $\dim K = n$ のときを証明する．まずつぎの可換な図式

$$\begin{array}{ccccccccc}
0 & \longrightarrow & A^*(\Delta^n, \partial\Delta^n) & \longrightarrow & A^*(\Delta^n) & \longrightarrow & A^*(\partial\Delta^n) & \longrightarrow & 0 \\
& & \downarrow I & & \downarrow I & & \downarrow I & & \\
0 & \longrightarrow & C^*(\Delta^n, \partial\Delta^n) & \longrightarrow & C^*(\Delta^n) & \longrightarrow & C^*(\partial\Delta^n) & \longrightarrow & 0
\end{array}$$

を考える（第二行では係数 $\mathbb{R}$ は省略した）．ここで右の二つの I は，初めに証明したことと帰納法の仮定からコホモロジーの同型を誘導する．そこで上の図式が誘導するコホモロジー群の完全系列に 5 項補題を適用すれば，同型

$$(1.7) \qquad H^*(A^*(\Delta^n, \partial\Delta^n)) \cong H^*(\Delta^n, \partial\Delta^n)$$

が得られる．つぎに $K^{(n-1)}$ を K の $n-1$ 切片として，可換な図式

$$\begin{array}{ccccccccc}
0 & \longrightarrow & A^*(K, K^{(n-1)}) & \longrightarrow & A^*(K) & \longrightarrow & A^*(K^{(n-1)}) & \longrightarrow & 0 \\
& & \downarrow I & & \downarrow I & & \downarrow I & & \\
0 & \longrightarrow & C^*(K, K^{(n-1)}) & \longrightarrow & C^*(K) & \longrightarrow & C^*(K^{(n-1)}) & \longrightarrow & 0
\end{array}$$

を考える．ここで $A^*(K, K^{(n-1)})$, $C^*(K, K^{(n-1)})$ は，それぞれ K の n 単体の個数だけの $A^*(\Delta^n, \partial\Delta^n)$, $C^*(\Delta^n, \partial\Delta^n)$ の直和と同型である．したがって，式 (1.7) からそれらのコホモロジー群は同型である．そこで，コホモロジー群の完全系列に 5 項補題を適用する前と同様の議論により，同型

$$H^*(A^*(K)) \cong H^*(K)$$

が得られる．相対コホモロジー群についても同様の議論をすればよい．

積構造については [25] を参照してほしい．

(b) 極小 d.g.a. のホモトピー群

定義 1.52 $\mathcal{M}$ を基礎体 K 上のべき零な極小 d.g.a. とする.

（i） $\mathcal{M}^1 \subset \mathcal{M}$ を次数 1 の元で生成される部分 d.g.a. とする. $\mathcal{M}^1$ の部分 d.g.a. $\mathcal{N}_i$ ($i=0,1,2,\cdots$) をつぎのように定義する.

$\mathcal{N}_0 = K$

$\mathcal{N}_1 = \{x \in \mathcal{M}^1 ;\ dx = 0\}$ で生成される $\mathcal{M}^1$ の部分 d.g.a.

$\mathcal{N}_2 = \{x \in \mathcal{M}^1 ;\ dx \in \mathcal{N}_1\}$ で生成される $\mathcal{M}^1$ の部分 d.g.a.

$\mathcal{N}_3 = \{x \in \mathcal{M}^1 ;\ dx \in \mathcal{N}_2\}$ で生成される $\mathcal{M}^1$ の部分 d.g.a.

$\vdots$

このとき, $\mathcal{N}_i \subset \mathcal{N}_{i+1}$ は Hirsch 拡大であり, $\mathcal{M}^1 = \cup_i \mathcal{N}_i$ となる. これらの双対をとれば K 上のべき零 Lie 代数 $\mathcal{L}_i$ の系列

$$\cdots \longrightarrow \mathcal{L}_i \longrightarrow \cdots \longrightarrow \mathcal{L}_3 \longrightarrow \mathcal{L}_2 \longrightarrow \mathcal{L}_1 \longrightarrow 0$$

が得られる. ここで各全射準同型 $\mathcal{L}_{i+1} \to \mathcal{L}_i$ は Lie 代数の中心拡大である. $\mathcal{L}_i$ に対応する Lie 群を L_i とすれば, Baker–Campbell–Hausdorff の公式により, exp 写像 $\mathcal{L}_i \to L_i$ は全単射であり L_i の積は具体的な多項式写像で記述される. そこで $\mathcal{M}$ の基本群 $\pi_1(\mathcal{M})$ を, べき零 Lie 群の系列

$$\cdots \longrightarrow L_i \longrightarrow \cdots \longrightarrow L_3 \longrightarrow L_2 \longrightarrow L_1 \longrightarrow 0$$

として定義する. これらのことについては, つぎの §1.4 でより詳しく述べることにする.

（ii） 前述のように $\mathcal{M}^+ = \oplus_{i>0} \mathcal{M}^{(i)}$ とし

$$I(\mathcal{M}) = \mathcal{M}^+ / \mathcal{M}^+ \mathcal{M}^+$$
$$= \oplus_{i>0} I(\mathcal{M})^{(i)}$$

とおく. すなわち $I(\mathcal{M})^{(i)}$ は $\mathcal{M}$ の次数 i の分解不可能な (indecomposable) 元の全体ということができる.

$$\pi_i(\mathcal{M}) = \mathrm{Hom}(I(\mathcal{M})^{(i)}, K)$$

とおき, これを $\mathcal{M}$ の i 次元ホモトピー群と呼ぶ. 微分 d は双線形写像

$$\pi_i(\mathcal{M}) \otimes \pi_j(\mathcal{M}) \longrightarrow \pi_{i+j-1}(\mathcal{M})$$

を誘導し, $d \circ d = 0$ であることから $\pi_*(\mathcal{M}) = \oplus_i \pi_i(\mathcal{M})$ は次数付き Lie 代数

となることがわかる. □

定義 1.53 基点付き位相空間 (X, x_0) のホモトピー群の Whitehead 積と呼ばれる写像

$$\pi_i(X, x_0) \times \pi_j(X, x_0) \ni (\alpha, \beta) \longmapsto [\alpha, \beta] \in \pi_{i+j-1}(X, x_0)$$

は, つぎのようにして定義される. α, β がそれぞれ連続写像

$$f \colon (I^i, \partial I^i) \longrightarrow (X, x_0), \quad g \colon (I^j, \partial I^j) \longrightarrow (X, x_0)$$

で表されているとき, $[\alpha, \beta]$ は

$$\partial I^{i+j} = I^i \times \partial I^j \cup \partial I^i \times I^j \xrightarrow{f \cup g} X$$

の表す元とする. □

$i = j = 1$ の場合には $[\alpha, \beta]$ はふつうの交換子となる. $i > 1$ または $j > 1$ の場合にはその成分について Whitehead 積は分配的であり, また

$$[\beta, \alpha] = (-1)^{ij}[\alpha, \beta]$$

となる. さらに $\gamma \in \pi_k(X, x_0)$ とすれば, Jacobi の恒等式

$$(-1)^{ik}[[\alpha, \beta], \gamma] + (-1)^{ij}[[\beta, \gamma], \alpha] + (-1)^{jk}[[\gamma, \alpha], \beta] = 0$$

が成立することが知られている. これにより $\pi_*(X) = \oplus_k \pi_k(X)$ は $\mathbb{Z}$ 上の次数付き Lie 代数となる.

つぎの定理が de Rham ホモトピー理論の主定理である.

定理 1.54 (Sullivan [59]) (i) K をべき零な単体複体で有限型, すなわちすべてのホモトピー群は有限生成とする. $A_{\mathbb{Q}}^*(K)$ を K 上の $\mathbb{Q}$ 多項式形式全体のつくる d.g.a. とし, $\mathcal{M}_K$ をその極小モデルとする. このとき, $\mathcal{M}_K$ と K の有理ホモトピー型 K_0 とは互いに双対の関係にあり, 一方は他方を完全に定める. とくに次数付き Lie 代数としての自然な同型

$$\pi_*(\mathcal{M}_K) \cong \pi_*(K) \otimes \mathbb{Q}$$

が存在する.

(ii) $f \colon K \to L$ をべき零な単体複体の間の単体写像とし, $f^* \colon A_{\mathbb{Q}}^*(L) \to A_{\mathbb{Q}}^*(K)$ を f が誘導する写像とする. f^* が極小モデルの間に定める d.g.a. 写像を $\hat{f}^* \colon \mathcal{M}_L \to \mathcal{M}_K$ とすれば, これは f の局所化 $f_0 \colon K_0 \to L_0$ と互いに双対の関係にあり, 一方は他方を完全に定める. とくに, (i) の同型のもとで $\hat{f}_* \colon \pi_*(\mathcal{M}_K) \to \pi_*(\mathcal{M}_L)$ は $f_* \colon \pi_*(K) \otimes \mathbb{Q} \to \pi_*(L) \otimes \mathbb{Q}$ と一致する. □

定理 1.55 (Sullivan [59]) M をべき零で有限型の C^∞ 多様体とし，K をその C^∞ 三角形分割とする．M の de Rham 複体 $A^*(M)$ の極小モデルを $\mathcal{M}_M$ とすれば，自然な同型
$$\mathcal{M}_M \cong \mathcal{M}_K \otimes \mathbb{R}$$
が存在する．とくに $\pi_*(\mathcal{M}_M) \cong \pi_*(M) \otimes \mathbb{R}$ となる．二つの多様体の間の C^∞ 写像についても前の定理と同様のことが成り立つ． □

[定理 1.54 の証明のスケッチ] 証明の基本となるのは，Eilenberg–MacLane 空間をファイバーとする主ファイバー空間と Hirsch 拡大との間のある種の 1 対 1 の対応を表すつぎの事実である．X をべき零な単体複体で，コホモロジーの同型を誘導するような d.g.a. 写像 $\mathcal{M} \to A^*_\mathbb{Q}(X)$ が与えられているものとする．V を $\mathbb{Q}$ 上の有限次元ベクトル空間とし
$$K(V, n) \longrightarrow E \longrightarrow X$$
を $K(V, n)$ をファイバーとする X 上の主ファイバー空間とする．またその特性コホモロジー類を
$$\mathfrak{o} \in H^{n+1}(X; V) \cong \mathrm{Hom}(H_{n+1}(X; \mathbb{Q}), V)$$
とする．このとき $\mathfrak{o}$ の双対の元 $\mathfrak{o}^*$ は
$$\mathfrak{o}^* \in \mathrm{Hom}(V^*, H^{n+1}(X; \mathbb{Q})) \cong \mathrm{Hom}(V^*, H^{n+1}(\mathcal{M}))$$
となる．一方，Hirsch 拡大
$$\mathcal{M} \otimes_d \Lambda(V^*)_n$$
の同型類はその特性コホモロジー類
$$\mathfrak{o}' \in \mathrm{Hom}(V^*, H^{n+1}(\mathcal{M}))$$
により分類される(命題 1.32 参照)．このとき $\mathfrak{o}^*, \mathfrak{o}'$ は同じ集合に属していることから期待されるように，つぎの事実が成立する．すなわち，コホモロジーの同型を誘導するような d.g.a. 写像
$$\mathcal{M} \otimes_d \Lambda(V^*)_n \longrightarrow A^*_\mathbb{Q}(E)$$
で $\mathcal{M}$ 上では与えられた写像 $\mathcal{M} \to A^*_\mathbb{Q}(X)$ と一致するようなものが存在するための必要十分条件は，等式
$$\mathfrak{o}^* = \mathfrak{o}'$$
が成立することである．この事実は自然なもので概念的にはわかりやすいと

§1.3 主定理 —— 43

思うが，その厳密な証明には多くの技術的な準備が必要となる．たとえば上記で E はそのままでは単体複体とはならないため，単体複体と単体写像による $E \to X$ のモデルを構成する必要がある．詳しくは[25]を参照してほしい．

上記の事実を仮定して，簡単のために単連結な単体複体 K について定理 1.54 の内容を吟味しよう．$\pi_2(K) \otimes \mathbb{Q} = V_2$ とおけば，K の有理ホモトピー型 K_0 の Postnikov 分解の初めの段階は

$$K_0 \longrightarrow K(V_2, 2)$$

で与えられる．一方，自然な同型 $H^2(K; \mathbb{Q}) \cong V_2^*$ が存在することから $\mathcal{M}_K^2 = \Lambda(V_2^*)$ と書ける．このとき，$I(\mathcal{M}_K)^{(2)} = V_2^* = \mathrm{Hom}(\pi_2(K), \mathbb{Q})$ である．

つぎに $\pi_3(K) \otimes \mathbb{Q} = V_3$ とおけば，Postnikov 分解のつぎの段階は主ファイバー空間

$$K(V_3, 3) \longrightarrow K_{0(3)} \longrightarrow K(V_2, 2)$$

で与えられる．その特性コホモロジー類すなわち K_0 の k 不変量を

$$k^4(K_0) \in H^4(K(V_2, 2); V_3) \cong \mathrm{Hom}(H_4(K(V_2, 2)), V_3)$$

とすれば，その双対の元は

$$k^4(K_0)^* \in \mathrm{Hom}(V_3^*, H^4(K(V_2, 2)))$$

となる．この元に対応する Hirsch 拡大

$$\Lambda(V_2^*) \otimes_d \Lambda(V_3^*)$$

が $\mathcal{M}^3$ すなわち $A_{\mathbb{Q}}^*(K)$ の 3 極小モデルに一致するというのである．さらに，その微分

$$d: V_3^* \longrightarrow \Lambda^2(V_2^*) = H^2(K; \mathbb{Q}) \text{ の生成する 2 次の斉次多項式全体}$$

の双対写像

$$H_2(K; \mathbb{Q}) \text{ の生成する 2 次の斉次多項式全体} \longrightarrow V_3 = \pi_3(K) \otimes \mathbb{Q}$$

と Whitehead 積 $\pi_2(K) \otimes \pi_2(K) \to \pi_3(K)$ が対応していることになる．

具体的には $H^2(K; \mathbb{Q})$ の基底 $x_1, \cdots, x_\ell$ を選べば，$\mathcal{M}_K^2 = \Lambda(x_1, \cdots, x_\ell)$ と書ける．$x_1^*, \cdots, x_\ell^*$ を $\pi_2(K) \otimes \mathbb{Q}$ の双対基底とする．$\mathcal{M}_K$ の 3 次の新しい生成元を $y_1, \cdots, y_m, z_1, \cdots, z_n$ とする．ここで $y_1, \cdots, y_m$ は $H^3(K; \mathbb{Q})$ の基底であり，$z_1, \cdots, z_n$ は $\mathrm{Ker}(H^4(\mathcal{M}_K^2) \to H^4(K; \mathbb{Q}))$ の基底である．したがって

$$dy_i = 0, \quad dz_k = \sum a_{ij}^k x_i x_j$$

と書ける.このとき $y_1^*,\cdots,y_m^*,z_1^*,\cdots,z_n^*$ が $\pi_3(K)\otimes\mathbb{Q}$ の双対基底の役割を果たし
$$[x_i^*,x_j^*]=\sum a_{ij}^k z_k^*$$
となる.

次数が高くなっても基本的には同様である.すなわち,K_0 の各段階の k 不変量と $\mathcal{M}_K$ の対応する段階の Hirsch 拡大の特性コホモロジー類が互いに双対の関係にあり,Hirsch 拡大の微分 d の2次の項が Whitehead 積に対応しているのである.∎

§1.4 基本群と de Rham ホモトピー理論

(a) 降中心列とべき零群

Γ を群とする.$\Gamma_0=\Gamma$ とし,一般の $k\geqq 0$ に対して帰納的に $\Gamma_{k+1}=[\Gamma_k,\Gamma]$ と定義する.$\Gamma_1=[\Gamma,\Gamma]$ は Γ の交換子群である.Γ_k はすべて Γ の正規部分群となる.これら正規部分群の列
$$\Gamma\supset\Gamma_1\supset\cdots\supset\Gamma_k\supset\cdots$$
を Γ の降中心列(lower central series)という.Γ_k が自明となるような k が存在するとき,群 Γ をべき零(nilpotent)という.abel 群はべき零である.商群 $N_k=\Gamma/\Gamma_k$ を Γ の k 次のべき零商(nilpotent quotient)と呼ぶ.$N_1=\Gamma/[\Gamma,\Gamma]$ は Γ の abel 化であり,N_k はすべてべき零群となる.

群の準同型からなる短完全系列 $1\to A\to G\to Q\to 1$ を(Q の A による)群の拡大(extension of group)という.A が abel 群でありさらにそれが G の中心に含まれているとき,中心拡大(central extension)といい
$$0\longrightarrow A\longrightarrow G\longrightarrow Q\longrightarrow 1$$
と書く.$A_k=\Gamma_{k-1}/\Gamma_k$ とおけばこれは abel 群でありさらに $N_k=\Gamma/\Gamma_k$ の中心にふくまれることが簡単にわかる.したがって中心拡大の系列

(1.8) $\qquad 0\longrightarrow A_k\longrightarrow N_k\longrightarrow N_{k-1}\longrightarrow 1\quad(k=1,2,\cdots)$

が得られる.

こうして群 Γ からべき零群の塔への準同型写像

§1.4 基本群と de Rham ホモトピー理論

(1.9)
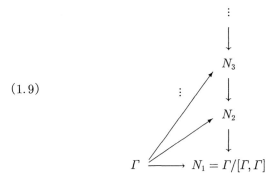

で，各ステップ $N_k \to N_{k-1}$ は中心拡大となっているものが得られた．

(b) 群の中心拡大と Euler 類

与えられた群 Q と abel 群 A に対して

(1.10) $$0 \longrightarrow A \longrightarrow G \overset{\pi}{\longrightarrow} Q \longrightarrow 1$$

という形をした群の中心拡大を構成し，また分類する問題を考えてみよう．拡大の構造を解明するために写像 $s: Q \to G$ で $\pi \circ s = \mathrm{id}_Q$ となるものを選ぶ．もし s が準同型としてとれるならば $G \cong A \times Q$ となることがわかる．そこで対応

$$Q \times Q \ni (\alpha, \beta) \longmapsto c_s(\alpha, \beta) = s(\alpha)s(\beta)s(\alpha\beta)^{-1} \in A$$

を考える．簡単な計算から任意の元 $\alpha, \beta, \gamma \in Q$ に対して

$$c_s(\beta, \gamma) - c(\alpha\beta, \gamma) + c(\alpha, \beta\gamma) - c(\alpha, \beta) = 0$$

となることがわかる．これを**コサイクル条件**(cocycle condition)という．コサイクル条件をみたす写像 $c: Q \times Q \to A$ の全体を $Z^2(Q; A)$ と書き，その元を Q の A に値をとる 2 コサイクルという．上記の c_s を s に同伴する 2 コサイクルと呼ぶ．別の写像 $s': Q \to G$ に対応する 2 コサイクルを $c_{s'}$ とする．このとき写像 $d: Q \to A$ を $d(\alpha) = s'(\alpha)s(\alpha)^{-1} \in A$ とおけば

(1.11) $$c'(\alpha, \beta) - c(\alpha, \beta) = d(\beta) - d(\alpha\beta) + d(\alpha)$$

となることがわかる．一般に，任意の写像 $d: Q \to A$ に対して $\delta d: Q \times Q \to A$ を $\delta d(\alpha, \beta)$ が式(1.11)の右辺となるように定義すれば，これは 2 コサイクルとなることがわかる．このような 2 コサイクルを 2 コバウンダリーと呼び，

その全体を $B^2(Q;A) \subset Z^2(Q;A)$ と書く．(1.11)は結局 $c'-c=\delta d$ と書けることになる．任意の元 $c \in Z^2(Q;A)$ が与えられると，積集合 $A \times Q$ に積を
$$(a,\alpha)(b,\beta) = (a+b+c(\alpha,\beta),\alpha\beta) \quad (a,b \in A, \ \alpha,\beta \in Q)$$
と定義すれば，これにより $A \times Q$ は群となり，それは Q の A による中心拡大となることがわかる．これを $A \times_c Q$ と書こう．このとき $s:Q \to A \times_c Q$ を $s(\alpha)=(0,\alpha)$ とすれば，明らかに $c_s=c$ となる．さらに別の2コサイクル $c' \in Z^2(Q;A)$ をとったとき，ある写像 $d:Q \to A$ が存在して $c'-c=\delta d$ となっているものとすれば，群の同型写像 $A \times_{c'} Q \cong A \times_c Q$ であって A 上では恒等写像となっているものが構成できることがわかる．そこで商群
$$H^2(Q;A) = Z^2(Q;A)/B^2(Q;A)$$
を考え，これを群 Q の A に係数をもつ2次元コホモロジー群と呼ぶ．定義から $[c_s] \in H^2(Q;A)$ は s の選び方によらずに定まることがわかる．これを中心拡大(1.10)の Euler 類と呼ぶ．以上をまとめればつぎの定理が得られる．

定理 1.56 群 Q の abel 群 A による中心拡大の同型類全体の集合は，Euler 類を対応させることにより自然に $H^2(Q;A)=Z^2(Q;A)/B^2(Q;A)$ と同一視される． □

S^1 を Lie 群 $SO(2)$ と同一視する．よく知られているように，位相空間 X 上の主 S^1 バンドル $S^1 \to E \to X$ の同型類全体は，Euler 類を対応させることにより $H^2(X;\mathbb{Z})$ と同一視することができる．上記の定理はこの定理の群論的な対応物である．実際，群 Q の $\mathbb{Z}$ による中心拡大の分類は，幾何的には $K(Q,1)$ 上の主 S^1 バンドルの同型類の分類と完全に対応している．ここでは群の2次元コホモロジー群が登場したが，もちろん一般の次元のコホモロジー群が考えられる．

定義 1.57 群 Γ に対して Eilenberg–MacLane 空間 $K(\Gamma,1)$ のコホモロジー群 $H^*(K(\Gamma,1))$ を群 Γ のコホモロジー群といい，$H^*(\Gamma)$ と書く． □

これは**群のコホモロジー**(cohomology of groups)の幾何的な定義であるが，純粋に代数的に定義することもできる(§3.6(b) 参照)．上記の中心拡大の2次元コホモロジーによる記述はその一例である．またコホモロジー群の係数も任意の Γ 加群を考えることができる．群のコホモロジーの一般論について

は[10]が良い教科書である．M を多様体，あるいはもっと一般に位相空間とし，$M \to K(\pi_1(M), 1)$ をその Postnikov 分解の第一段階とする．この写像は準同型写像

$$H^*(\pi_1(M)) \longrightarrow H^*(M)$$

を誘導する．この準同型写像は，たとえば多様体のトポロジーに関する大きな未解決問題の一つである Novikov 予想の定式化にすでに現れているが，その重要性は幾何学に止まらず代数幾何学や整数論においてもこれからますます増していくものと思われる．

(c) Malcev 完備化

Γ を有限生成群とする．この項では前項 (a), (b) の結果を使い $\Gamma \otimes \mathbb{Q}$ を定義する．これは $\mathbb{Q}$ 上のべき零 Lie 群とその間の準同型写像のつくるある射影系であり，群 Γ の $\mathbb{Q}$ 上のべき零な情報をすべて含むものである．$\Gamma \otimes \mathbb{Q}$ は，Γ の **Malcev 完備化**(Malcev completion)，あるいは有理べき零完備化 (rational nilpotent completion) と呼ばれる．大ざっぱにいえば，$\Gamma \otimes \mathbb{Q}$ はべき零群の塔 (1.9) の各べき零群 N_k を $N_k \otimes \mathbb{Q}$ で置き換えることにより得られる図式

(1.12)
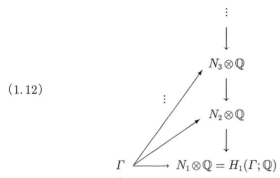

のことである．$N_k \otimes \mathbb{Q}$ はつぎのように帰納的に定義することができる．まず $k = 1$ に対しては，N_1 は abel 群であるから $N_1 \otimes \mathbb{Q}$ は確かに定義され，さらに自然な準同型写像 $N_1 \to N_1 \otimes \mathbb{Q}$ が存在する．このとき $H^*(N_1 \otimes \mathbb{Q}; \mathbb{Q}) \to H^*(N_1; \mathbb{Q})$ は同型写像である．そこで，$N_{k-1} \otimes \mathbb{Q}$ と準同型写像 $N_{k-1} \to$

$N_{k-1}\otimes\mathbb{Q}$ で，$\mathbb{Q}$ コホモロジー群の同型 $H^*(N_{k-1}\otimes\mathbb{Q};\mathbb{Q}) \cong H^*(N_{k-1};\mathbb{Q})$ を誘導するものが構成されたとする．このとき，準同型写像

$$H^2(N_{k-1};A_k) \longrightarrow H^2(N_{k-1};A_k\otimes\mathbb{Q}) \cong H^2(N_{k-1}\otimes\mathbb{Q};A_k\otimes\mathbb{Q})$$

を考える．中心拡大(1.8)の Euler 類は $H^2(N_{k-1};A_k)$ の元である．そこで，上記の準同型写像により，この Euler 類が移るさきの元 $\in H^2(N_{k-1}\otimes\mathbb{Q};A_k\otimes\mathbb{Q})$ の定義する中心拡大を考えれば，つぎの可換図式が得られる．

$$\begin{array}{ccccccccc} 0 & \longrightarrow & A_k & \longrightarrow & N_k & \longrightarrow & N_{k-1} & \longrightarrow & 1 \\ & & \downarrow & & \downarrow & & \downarrow & & \\ 0 & \longrightarrow & A_k\otimes\mathbb{Q} & \longrightarrow & N_k\otimes\mathbb{Q} & \longrightarrow & N_{k-1}\otimes\mathbb{Q} & \longrightarrow & 1 \end{array}$$

これにより $N_k\otimes\mathbb{Q}$ と自然な準同型写像 $N_k\to N_k\otimes\mathbb{Q}$ が同時に構成された．また，スペクトル系列を使った議論により，この準同型写像は $\mathbb{Q}$ コホモロジーの同型 $H^*(N_k\otimes\mathbb{Q};\mathbb{Q}) \cong H^*(N_k;\mathbb{Q})$ を誘導することがわかり帰納法が完成する．幾何的には $N_k\otimes\mathbb{Q}$ は Eilenberg–MacLane 空間 $K(N_k,1)$ の有理ホモトピー型 $K(N_k,1)_0$ (§1.1(c) 参照)の基本群に他ならない．

(d) 基本群と微分形式

de Rham ホモトピー理論の基本群に関する基本定理を一言でいえば，基本群の Malcev 完備化(を $\mathbb{R}$ とテンソルしたもの)と de Rham 複体の 1 極小モデルとが同値となるというものである．この項ではこのことについて実際に両者を構成する立場から簡潔にまとめてみる．考えを決めるため M を C^∞ 多様体とする．M の基本群 $\pi_1(M)$ を $\varGamma$ と記し，また $\mathcal{M}_1$ を de Rham 複体 $A^*(M)$ の 1 極小モデルとする．まず $\pi_1(M)\otimes\mathbb{R}$ をつぎのように定義する．Malcev 完備化 $\varGamma\otimes\mathbb{Q}$ の各段階に現れるべき零 Lie 群 $N_k\otimes\mathbb{Q}$ を $\mathbb{R}$ 上の単連結なべき零 Lie 群 $N_k\otimes\mathbb{R}$ により置き換えるのである．一方，1 極小モデル $\mathcal{M}_1$ は $\mathbb{R}$ 上の d.g.a. の増大列

$$\mathcal{M}_0 = \mathbb{R} \subset \mathcal{N}_1 \subset \mathcal{N}_2 \subset \cdots \subset \mathcal{M}_1 = \bigcup_k \mathcal{N}_k$$

として得られるのであった(§1.2(c) 式(1.2), §1.3(b) 定義 1.52(i) 参照).

§1.4 基本群と de Rham ホモトピー理論 —— 49

さて各 $\mathcal{N}_k$ は次数 1 の元により生成される連結かつ自由な d.g.a. であるから，§1.2(a) 例 1.34 からその双対をとることにより $\mathbb{R}$ 上の Lie 代数 $\mathfrak{n}_k$ が定義される．さらに $\mathfrak{n}_1 \cong H^1(M;\mathbb{R})^*$ は可換な Lie 代数であるが，k に関する帰納法により，$\mathfrak{n}_k$ はすべてべき零な Lie 代数となることがわかる．実際，$\mathfrak{n}_k$ は $\mathfrak{n}_{k-1}$ から Lie 代数の中心拡大

(1.13) $$0 \longrightarrow \mathfrak{a}_k \longrightarrow \mathfrak{n}_k \longrightarrow \mathfrak{n}_{k-1} \longrightarrow 0$$

により得られることがわかる．ここで
$$\mathfrak{a}_k = \mathrm{Hom}(\mathrm{Ker}(H^2(\mathcal{N}_{k-1}) \to H^2(\Gamma;\mathbb{R})), \mathbb{R})$$
である．べき零な Lie 代数 $\mathfrak{n}_k$ に対応する単連結なべき零 Lie 群を $N_k^{\mathbb{R}}$ とする．このとき exp 写像 $\mathfrak{n}_k \to N_k^{\mathbb{R}}$ は 1 対 1 写像であり，具体的には Baker–Campbell–Hausdorff の公式により多項式写像として記述される．そして幾何学的には，$\mathcal{N}_k$ は $N_k^{\mathbb{R}}$ 上の左不変な微分形式全体のつくる d.g.a. と自然に同一視されることになる．

べき零 Lie 代数の中心拡大(1.13)は，それと同値なべき零 Lie 群の中心拡大

(1.14) $$0 \longrightarrow A_k^{\mathbb{R}} \longrightarrow N_k^{\mathbb{R}} \longrightarrow N_{k-1}^{\mathbb{R}} \longrightarrow 1$$

を誘導する．このとき，基本群に関する de Rham ホモトピー理論の核心となる事実は，上記の中心拡大が，$\Gamma = \pi_1(M)$ の降中心列に同伴する中心拡大(1.8)を $\mathbb{R}$ とテンソルしたものと同値となるというものである．とくに $N_k^{\mathbb{R}} \cong N_k \otimes \mathbb{R}$ となる．これはつぎのようにして証明される．まず任意の k に対して明らかに $H_1(N_k) \cong H_1(\Gamma) = N_1$ となる．したがって群の拡大
$$1 \longrightarrow \Gamma_{k-1} \longrightarrow \Gamma \longrightarrow N_{k-1} \longrightarrow 1$$
のコホモロジー完全系列([10]参照)から
$$H^1(\Gamma_{k-1})^{\Gamma} \cong \mathrm{Ker}(H^2(N_{k-1}) \to H^2(\Gamma))$$
となる．一方，$H^1(\Gamma_{k-1};\mathbb{Q})^{\Gamma} \cong (\Gamma_{k-1}/\Gamma_k) \otimes \mathbb{Q} = A_k \otimes \mathbb{Q}$ となることが簡単にわかる．したがって中心拡大(1.8)を $\mathbb{R}$ とテンソルしたものは
$$\mathrm{Ker}(H^2(N_{k-1};\mathbb{R}) \to H^2(\Gamma;\mathbb{R}))$$
に対応するものだということがわかった．ところが，上記の中心拡大(1.14)は $\mathrm{Ker}(H^2(\mathcal{N}_{k-1}) \to H^2(\Gamma;\mathbb{R}))$ に対応するものである．このとき，k につい

て帰納的に自然な同型 $H^2(\mathcal{N}_{k-1}) \cong H^2(N_{k-1};\mathbb{R}) \cong H^2(N_{k-1}\otimes\mathbb{Q};\mathbb{R})$ が存在することがわかり，主張が示されることになる．

以上をまとめればつぎの定理となる．

定理 1.58（Sullivan [59]）　M を C^∞ 多様体とする．このとき，M の基本群の $\mathbb{R}$ べき零完備化 $\pi_1(M)\otimes\mathbb{R}$ に同伴するべき零 Lie 群の塔 $\{\mathfrak{n}_k\}_k$ は，M の de Rham 複体 $A^*(M)$ の 1 極小モデルの双対として得られるべき零 Lie 群の塔と自然に同型である．　　　　　　　　　　　　　　　　　　　　　　□

多様体の替わりに単体複体 K 上の $\mathbb{Q}$ 係数の多項式形式のつくる de Rham 複体 $A_\mathbb{Q}^*(K)$ を考えれば，上記と同様の定理が $\mathbb{Q}$ 上で成立する．

2 平坦バンドルの特性類

 Lie 群 G を構造群とする主バンドルの大局的な曲がり具合の研究は，接続を入れ対応する曲率を調べることによりなされる．これが Chern–Weil 理論である．なかでも最も重要なのは，G が一般線形群すなわち $GL(n,\mathbb{R})$ や $GL(n,\mathbb{C})$ の場合である．これは実あるいは複素ベクトルバンドルを考えることに相当し，Pontrjagin 類や Chern 類などの特性類が定義されて大きな役割を果たすのであった．

 さてこの章で考察する平坦バンドルとは，曲率が恒等的に 0 となるような接続の入った主バンドルのことである．このようなバンドルの実係数の特性類はすべて消えてしまう．したがって自明なバンドルに近いように思われるかも知れないが，底空間の基本群によっては全くそうではないことがわかる．このようなバンドルの構造を調べるためには新しい方法が必要となる．それがホロノミー群であり，また Lie 代数のコホモロジー理論に基づく平坦バンドルの特性類の理論である．ここでは，これらについて基本的な事項を解説する．構造群が無限次元の場合の Gel'fand–Fuks コホモロジー理論([22], [23])についても簡単な紹介をする．

§2.1 平坦バンドル

(a) Chern–Weil 理論

G を Lie 群とし,$\pi:P\to M$ を C^∞ 多様体 M を底空間とする主 G バンドルとする.すなわち,構造群 G の全空間 P への右作用
$$P \times G \longrightarrow P$$
が与えられており,つぎの条件がみたされているものとする.

(局所自明性の条件) 任意の点 $p\in M$ に対して,そのある開近傍 $U\ni p$ と微分同相写像 $\varphi:\pi^{-1}(U)\cong U\times G$ が存在して
$$\pi(ug)=\pi(u),\quad \varphi(ug)=\varphi(u)g \quad (u\in \pi^{-1}(U),\ g\in G)$$
となる.

たとえば,M の接枠バンドル $\pi:P(M)\to M$ は,M の次元を n とするとき $GL(n,\mathbb{R})$ を構造群とする主バンドルとなるが,これは M の構造を調べる際に極めて重要な主バンドルである.接枠バンドルに限らず M 上の種々の主バンドルを考え,それらの構造を調べることが多様体の研究にとって主要な研究手段のひとつとなっている.

さて主バンドルの構造を解析するための理論として Chern–Weil 理論がある.この項ではこの理論をごく簡単に復習しよう.まず主バンドル $\pi:P\to M$ の各ファイバー $\pi^{-1}(p)$ $(p\in M)$ の間にあるつながりをいれるために,接続と呼ばれるものを導入する.具体的には,全空間上の各点 $u\in P$ においてその接空間の直和分解

(2.1) $$T_u P = V_u \oplus H_u$$

で,G の右作用で不変なものを考えるのである.ここで V_u は u においてファイバー $\pi^{-1}(\pi(u))$ に接する接ベクトル(垂直なベクトルと呼ばれる)全体のなす部分空間を表す.H_u に属するベクトルは(この接続に関し)水平なベクトルと呼ばれる.H_u 全体を集めたもの $\mathcal{H}=\{H_u;\ u\in P\}$ は P 上の分布となるが,この言葉を使えば,接続とは

各ファイバーに横断的な全空間上の分布で G の作用で不変なもの

ということができる.

　接続を微分形式によって表したものが接続形式である. 具体的には G の Lie 代数を $\mathfrak{g}$ とするとき, 各点 $u \in P$ において直和分解 (2.1) の誘導する射影
$$T_u P \longrightarrow V_u \cong \mathfrak{g}$$
は, P 上の $\mathfrak{g}$ に値をとる 1 形式 $\omega \in A^1(P; \mathfrak{g})$ を定義する. こうして得られる ω を接続形式という. ここで $V_u \cong \mathfrak{g}$ は自然な同一視である. あきらかに
$$H_u = \{X \in T_u P; \ \omega(X) = 0\}$$
となる. 逆に 1 形式 $\omega \in A^1(P; \mathfrak{g})$ に対して上のようにして定義される分布 $\mathcal{H}$ が接続となるための条件は ω のことばでも簡明に表すことができる. そこで接続形式のことを単に接続という場合も多い.

　主 G バンドル上に接続 $\omega \in A^1(P; \mathfrak{g})$ が与えられると, それを "微分" することにより曲率 $\Omega \in A^2(P; \mathfrak{g})$ が定義される. これらは構造方程式と呼ばれるつぎの基本的な方程式

$$(2.2) \qquad d\omega = -\frac{1}{2}[\omega, \omega] + \Omega$$

をみたす. さて曲率形式 Ω の k 乗
$$\Omega^k \in A^{2k}(P; \mathfrak{g}^{\otimes k})$$
を考え, これに G の k 次の不変多項式 $f \in I^k(G)$ すなわち対称な多重線形写像
$$f: \underbrace{\mathfrak{g} \times \cdots \times \mathfrak{g}}_{k \text{個}} \longrightarrow \mathbb{R}$$
で, G の随伴作用により不変なものを合成すれば, P 上の $2k$ 形式
$$f(\Omega^k) \in A^{2k}(P)$$
が得られる. このようにして得られる微分形式は閉形式であり, さらに底空間上に一意的に定まる微分形式の射影 $\pi: P \to M$ による引き戻しであることがわかる. こうして Weil 準同型と呼ばれる準同型写像
$$w: I(G) \longrightarrow H^*(M; \mathbb{R}) \quad (I(G) = \oplus_k I^k(G))$$
が定義される. この準同型写像は接続の取り方によらないことが証明され, したがって, 任意の元 $f \in I(G)$ に対しその像 $w(f) \in H^*(M; \mathbb{R})$ は主 G バン

ドルのねじれ具合を底空間の実コホモロジー類によって表したものとなる.これらを主 G バンドルの特性類と呼ぶのである.

接続と曲率,さらには不変多項式をひとまとめにしたものが Weil 代数
$$W(\mathfrak{g}) = \Lambda^*\mathfrak{g}^* \otimes S^*\mathfrak{g}^*$$
である.これは接続の与えられた主バンドル $\pi: P \to M$ に対して,その全空間の de Rham 複体のモデルの役割を果たすものである.具体的にはつぎの可換図式

$$\begin{array}{ccc} W(\mathfrak{g}) & \xrightarrow{\tilde{w}} & A^*(P) \\ i\uparrow & & \uparrow\pi^* \\ I(G) & \xrightarrow{w} & A^*(M) \end{array}$$

が定義される.ここで i, π^* はいずれも単射であり,下の行の写像 w がコホモロジーに誘導する準同型が上記の Weil 準同型写像である.

以上が Chern–Weil 理論の概要である.

(b) 平坦バンドルの定義

定義 2.1 主 G バンドル上の接続 ω は,対応する曲率 Ω が恒等的に 0 となるとき**平坦な接続**(flat connection)という.平坦な接続の与えられた主 G バンドルを**平坦 G バンドル**(flat G-bundle)という. □

例 2.2 積バンドル $M \times G$ 上に自明な接続を入れれば,明らかにこれは平坦バンドルとなる.これを**自明な平坦バンドル**(trivial flat bundle)という.この接続の接続形式 ω_0 は,$q: M \times G \to G$ を自然な射影,$\theta \in A^1(G;\mathfrak{g})$ を G の Maurer–Cartan 形式とするとき,$\omega_0 = q^*\theta$ で与えられる. □

例 2.3 $\pi: P \to M$ を平坦 G バンドルとし,$f: N \to M$ を C^∞ 写像とする.このとき,f による引き戻し $f^*P \to N$ はまた平坦 G バンドルとなる. □

前項で復習した Chern–Weil 理論により,平坦バンドルの実特性類はすべて消える.しかし,そのようなバンドルでも主バンドルとして必ずしも自明になるとは限らない.さらに主バンドルとしては自明であっても,その上の平坦な接続は必ずしも自明なものとは限らない.底空間 M によっては,そ

の上に平坦 G バンドルが極めて豊富に存在することがあるのである．そして M 上のすべての平坦 G バンドルを考え，それらを分類することがしばしば重要な問題となる．そこでまず分類の基準を述べよう．

定義 2.4 バンドル $\pi_i : P_i \to M_i$ $(i=1,2)$ を二つの平坦 G バンドルとし，$\omega_i \in A^1(P_i; \mathfrak{g})$ $(i=1,2)$ をそれぞれの平坦な接続形式とする．P_1 から P_2 へのバンドル写像

$$\begin{array}{ccc} P_1 & \xrightarrow{\tilde{f}} & P_2 \\ \pi_1 \downarrow & & \downarrow \pi_2 \\ M_1 & \xrightarrow{f} & M_2 \end{array}$$

は，条件 $\tilde{f}^*\omega_2 = \omega_1$ がみたされているとき平坦バンドルとしてのバンドル写像という．この条件はまた，$\tilde{f}$ の微分が P_1 上の任意の点 u における任意の水平ベクトルを，行き先の点 $\tilde{f}(u) \in P_2$ における水平なベクトルに移すと言い換えても同じである．

同じ底空間 M 上の二つの平坦 G バンドルは，M の恒等写像上の平坦バンドルとしてのバンドル写像が存在するとき，同型であるという． □

このとき，基本的な問題は

　与えられた多様体上の平坦 G バンドルの同型類全体の集合を決定せよ

というものである．

(c) 平坦バンドルと完全積分可能な分布

この項とつぎの項 (d) で，平坦 G バンドルを幾何学的に記述するいくつかの同値な条件をあげよう．

主 G バンドル $\pi: P \to M$ 上に接続 ω が与えられているものとし，$\mathcal{H} = \{H_u; u \in P\}$ を対応する P 上の分布とする．この接続が平坦，すなわち曲率が恒等的に 0 となるという条件を，分布 $\mathcal{H}$ に関する条件で言い換えてみよう．そのためにまず Frobenius の定理を思いだすことにする．

一般に C^∞ 多様体 M 上に分布 τ，すなわち接バンドル TM の部分バンドルが与えられているものとする．M の部分多様体 N は，各点 $p \in N$ で

$T_pN = \tau_p$ となっているとき τ の**積分多様体**(integral manifold)という．連結な積分多様体であって，どんな連結な積分多様体の真部分集合にならないものを**極大積分多様体**(maximal integral manifold)という．τ の切断全体を $\Gamma(\tau)$ と書くことにする．また，任意の $X \in \Gamma(\tau)$ に対し $\alpha(X) = 0$ となるような 1 形式 $\alpha \in A^1(M)$ の生成する $A^*(M)$ のイデアルを $I(\tau)$ と記すことにする．このとき
$$I^k(\tau) = \{\eta \in A^k(M);\ \text{すべての}\ X_i \in \Gamma(\tau)\ \text{ならば}\ \eta(X_1,\cdots,X_k) = 0\}$$
とおけば，明らかに $I(\tau) = \oplus_k I^k(\tau)$ となる．

定義 2.5

（ⅰ）M 上の分布 τ は任意の点を通る積分多様体が存在するとき，**完全積分可能**(completely integrable)であるという．

（ⅱ）τ が**包合的**(involutive)であるとは，条件
$$X, Y \in \Gamma(\tau) \Longrightarrow [X, Y] \in \Gamma(\tau)$$
が成立している場合をいう．

（ⅲ）$dI(\tau) \subset I(\tau)$ となっているとき，$I(\tau)$ は**微分イデアル**(differential ideal)であるという． □

定理 2.6（Frobenius の定理）　C^∞ 多様体 M 上の分布 τ についてつぎの三つの条件は同値である．

（ⅰ）τ は完全積分可能である．

（ⅱ）τ は包合的である．

（ⅲ）$I(\tau)$ は微分イデアルとなる． □

Frobenius の定理を使えば，当面の問題につぎのような解答を与えることができる．

命題 2.7　主バンドル上の接続 ω が平坦となるための必要十分条件は，対応する分布 $\mathcal{H}$ が完全積分可能となることである．

［証明］　Frobenius の定理から
$$\omega\ \text{が平坦} \iff \mathcal{H}\ \text{が包合的}$$
であることを示せばよい．

$X, Y \in \Gamma(\mathcal{H})$ とすれば $\omega(X) = \omega(Y) = 0$ である．したがって，外微分の性

質から

(2.3) $\quad d\omega(X,Y) = \dfrac{1}{2}\{X\omega(Y) - Y\omega(X) - \omega([X,Y])\}$

$\qquad\qquad\qquad = -\dfrac{1}{2}\omega([X,Y])$

となる．一方，構造方程式(2.2)から

(2.4) $\qquad\qquad\qquad d\omega(X,Y) = \Omega(X,Y)$

となる．(2.3), (2.4)から

(2.5) $\qquad\qquad\qquad \Omega(X,Y) = -\dfrac{1}{2}\omega([X,Y])$

が得られる．さて ω が平坦，すなわち $\Omega \equiv 0$ とすれば，(2.5)から $\omega([X,Y]) = 0$ となる．したがって $[X,Y] \in \Gamma(\mathcal{H})$ となり，$\mathcal{H}$ が包合的となることがわかる．

逆に $\mathcal{H}$ が包合的と仮定すれば，上記の計算から，任意の $X, Y \in \Gamma(\mathcal{H})$ に対し $\Omega(X,Y) = 0$ となる．ところが，一般に任意の $X, Y \in T_u P\,(u \in P)$ に対して $X_h, Y_h \in H_u$ をそれらの水平成分とすれば，曲率の性質としてよく知られているように，$\Omega(X,Y) = \Omega(X_h, Y_h)$ となる．したがって結局 $\Omega \equiv 0$ となり，証明が終わる．

こうして，平坦バンドルとは

対応する分布が完全積分可能であるような接続の与えられたバンドル

という言い換えができた．

(d) 平坦バンドルとホロノミー準同型

平坦バンドルのもう一つの同値な記述を述べよう．この記述は平坦バンドルの分類にとって極めて重要なものである．

$\pi: P \to M$ を平坦な接続 ω の与えられた主 G バンドルとし，$\mathcal{H}$ を対応する完全積分可能な P 上の分布としよう．このとき，全空間 P 上の任意の点 u に対して，その点を通る極大積分多様体を L_u とすれば，射影 $\pi: L_u \to M$ は被覆写像となる．さて $p_0 \in M$ を底空間上の基点とし，$u_0 \in \pi^{-1}(p_0)$ を選ぶ．

このとき，ホロノミー準同型(holonomy homomorphism)と呼ばれる準同型写像
$$\rho : \pi_1(M) \longrightarrow G$$
がつぎのようにして定義される．基本群の任意の元 $\alpha \in \pi_1(M)$ に対し，それを代表する p_0 を始点とする閉曲線 ℓ を選ぶ．ℓ の L_{u_0} への持ち上げで u_0 を始点とするものを $\tilde{\ell}$ とする．このとき
$$\tilde{\ell} \text{ の終点} = u_0 g \quad (g \in G)$$
の形となる(図2.1 参照).

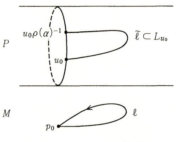

図2.1 ホロノミー準同型

$\pi : L_{u_0} \to M$ が被覆写像であることから，$\tilde{\ell}$ の終点(したがって g)は ℓ の選び方によらず α のみによって定まることがわかる．そこで
$$\rho(\alpha) = g^{-1}$$
とおく．

命題 2.8 $\rho : \pi_1(M) \to G$ は，準同型写像である．

[証明] 二つの元 $\alpha, \beta \in \pi_1(M)$ に対し，それぞれを代表する閉曲線 ℓ_α, ℓ_β を選び，$\tilde{\ell}_\alpha, \tilde{\ell}_\beta$ をそれらの L_{u_0} への持ち上げで u_0 を始点とするものとする．このとき
$$\tilde{\ell}_\alpha \text{ の終点} = u_0 \rho(\alpha)^{-1}, \quad \tilde{\ell}_\beta \text{ の終点} = u_0 \rho(\beta)^{-1}$$
となっている．さて $\mathcal{H}$ は G の右作用に関して不変であるから，$\tilde{\ell}_\beta \rho(\alpha)^{-1}$ は ℓ_β の $L_{u_0 \rho(\alpha)^{-1}} = L_{u_0}$ への持ち上げで，$u_0 \rho(\alpha)^{-1}$ を始点とするものになっている．したがって，二つの曲線の合成 $\tilde{\ell}_\alpha \cdot \tilde{\ell}_\beta \rho(\alpha)^{-1}$ は，$\ell_\alpha \cdot \ell_\beta$ の u_0 を始点とする持ち上げとなる．ところで，この曲線の終点は

$$u_0 \rho(\beta)^{-1} \rho(\alpha)^{-1} = u_0 (\rho(\alpha)\rho(\beta))^{-1}$$

であるから，結局 $\rho(\alpha\beta) = \rho(\alpha)\rho(\beta)$ となり，証明が終わる． ∎

 つぎに基点 $u_0 \in \pi^{-1}(p_0)$ を取り替えるとホロノミー準同型がどう変わるかを見てみよう．$u_0' = u_0 h$ $(h \in G)$ を別の基点とし，ρ' を対応するホロノミー準同型とする．上記のように，$\tilde{\ell}$ を $\alpha \in \pi_1(M)$ を代表する閉曲線 ℓ の u_0 を始点とする持ち上げとすれば，$\tilde{\ell}h$ が同じ閉曲線の u_0' を始点とする持ち上げとなる．$\tilde{\ell}h$ の終点は

$$u_0 \rho(\alpha)^{-1} h = u_0' h^{-1} \rho(\alpha)^{-1} h$$

であるから，結局 $\rho'(\alpha) = h^{-1} \rho(\alpha) h$ となる．こうして，二つの準同型写像 ρ, ρ' は，互いに**共役**(conjugate)となることがわかった．

 同じ底空間上の二つの平坦 G バンドルが同型ならば，明らかにそれらのホロノミー準同型写像は(共役を除いて)一致する．実は，さらに強くつぎの定理が成立するのである．

定理 2.9 M を C^∞ 多様体とし G を Lie 群とする．このとき，M 上の平坦な G バンドルに対して，そのホロノミーを対応させる写像は 1 対 1 対応

$$\{M \text{ 上の平坦} G \text{ バンドルの同型類}\}$$
$$\cong \{\text{準同型写像} \rho : \pi_1(M) \to G \text{ の共役類}\}$$

を誘導する．

 ［証明］ まず M が単連結の場合を証明する．上記のように，p_0 を M の基点とし，$u_0 \in \pi^{-1}(p_0)$ を通る極大積分多様体を L_{u_0} とする．このとき射影

$$\pi_0 : L_{u_0} \longrightarrow M$$

は被覆写像であるが，仮定から M は単連結であるからこれは微分同相となる．そこで写像

$$\varphi : P \longrightarrow M \times G$$
$$\cup \qquad\qquad \cup$$
$$u \longmapsto (\pi(u), \xi(u))$$

を考える．ただし $\xi(u) \in G$ は等式

$$u = \pi_0^{-1}(\pi(u)) \xi(u)$$

により定義するものとする(図 2.2 参照)．

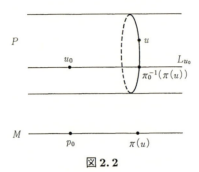

図 2.2

このとき任意の元 $u \in P$, $g \in G$ に対して
$$\varphi(ug) = (\pi(ug), \xi(ug)) = (\pi(u), \xi(u)g) = \varphi(u)g$$
となるから，φ は平坦 G バンドルとしての同型を与えている．こうして M が単連結ならば，その上の平坦 G バンドルは自明なものしかないことが証明された．

つぎに一般の場合を考える．与えられた平坦バンドルを $\pi: P \to M$ とし，底空間 M の普遍被覆 $q: \widetilde{M} \to M$ による引き戻しを $\tilde{q}: \widetilde{P} \to \widetilde{M}$ とする．このとき $\widetilde{M}$ は単連結であるから，上記により，平坦バンドルとしての同型

(2.6) $$\varphi: \widetilde{P} \cong \widetilde{M} \times G$$

が定まる．したがってもとの平坦バンドル P は，積バンドル $\widetilde{M} \times G$ の自己同型群としての $\pi_1(M)$ のある自由な作用による商空間と同一視できることになる．すなわち
$$P = \widetilde{P}/\pi_1(M) = \widetilde{M} \times G/\pi_1(M)$$
と書ける．そこでこの作用を具体的に記述してみよう．そのために M の普遍被覆多様体のモデルとして，p_0 を終点とする M 上の道の（両端を止めた）ホモトピー類の全体
$$\widetilde{M} = \{[\ell];\ \ell: [0,1] \to M,\ \ell(1) = p_0\}$$
を使うことにする．ここで $[\ell]$ は ℓ のホモトピー類を表すものとする．射影 $q: \widetilde{M} \to M$ は $q([\ell]) = \ell(0)$ で与えられる．$\pi_1(M)$ の $\widetilde{M}$ への（右からの）作用は
$$\widetilde{M} \times \pi_1(M) \ni ([\ell], \alpha) \longmapsto [\ell \cdot \alpha] \in \widetilde{M}$$
で与えられる．ただし，$\ell \cdot \alpha$ は二つの道 ℓ, α の合成を表す．一方

$$\widetilde{P} = \{(u, [\ell]) \in P \times \widetilde{M};\ \pi(u) = q([\ell]) = \ell(0)\}$$

と書くことができる．さて $\widetilde{P}$ の平坦バンドルとしての同型(2.6)は

$$\begin{array}{ccc} \widetilde{P} & \stackrel{\varphi}{\cong} & \widetilde{M} \times G \\ \cup & & \cup \\ (u, [\ell]) & \longmapsto & ([\ell],\ \xi(u, [\ell])) \end{array}$$

で与えられる．ただし $\xi(u, [\ell]) \in G$ は図2.3を参考にして，等式

(2.7) $$u = v\,\xi(u, [\ell])$$

によって定まるものである．

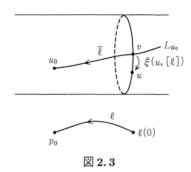

図 2.3

ここで，$\widetilde{\ell}$ は u_0 を終点とする L_{u_0} 内への ℓ の持ち上げを表し，v は $\widetilde{\ell}$ の始点を表すものとする．

さて，基本群の任意の元 $\alpha \in \pi_1(M)$ に対し

$$(u, [\ell]\alpha) \stackrel{\varphi}{\longmapsto} ([\ell]\alpha,\ \xi(u, [\ell]\alpha))$$

である．$\xi(u, [\ell]\alpha)$ を計算するために，図2.4を考える．

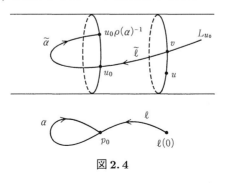

図 2.4

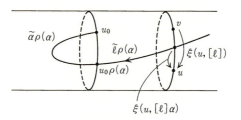

図 2.5

ここで，$\tilde{\alpha}$ は α の u_0 を始点とする L_{u_0} への持ち上げである．この図全体に右から $\rho(\alpha)$ を作用させると，図 2.5 となる．

$\tilde{\ell}\rho(\alpha)$ の始点を w とすれば，明らかに $w = v\rho(\alpha)$ である．一方，ξ の定義から $u = w\xi(u, [\ell]\alpha)$ であるから，結局

(2.8) $\qquad u = v\rho(\alpha)\xi(u, [\ell]\alpha)$

となる．式 (2.7), (2.8) から

$$\xi(u, [\ell]\alpha) = \rho(\alpha)^{-1}\xi(u, [\ell])$$

が得られる．こうして $\pi_1(M)$ の $\widetilde{M} \times G$ への作用を

$$\widetilde{M} \times G \ni ([\ell], g) \stackrel{\alpha}{\longmapsto} ([\ell]\alpha, \rho(\alpha)^{-1}g) \in \widetilde{M} \times G \quad (\alpha \in \pi_1(M))$$

と定義すれば，平坦バンドルとしての同型

$$P \cong \widetilde{M} \times G / \pi_1(M)$$

が得られたことになる．ここで右辺は明らかに ρ のみによっている．さらに，任意の準同型写像 $\rho : \pi_1(M) \to G$ に対して，右辺は平坦 G バンドルとなることが簡単にわかる．したがって定理は完全に証明された．∎

§2.2 Lie 代数のコホモロジー

(a) Lie 群上の左不変微分形式

前節に引き続き G を Lie 群とし，$\pi : P \to M$ を平坦 G バンドルとしよう．対応する平坦な接続の接続形式を $\omega \in A^1(M; \mathfrak{g})$ とすれば，ω は線形写像

$$\omega : \mathfrak{g}^* \longrightarrow A^1(P)$$

を定義しているものと思える．具体的には
$$\omega(\alpha)(X) = \alpha(\omega(X)) \quad (\alpha \in \mathfrak{g}^*, X \in T_u P)$$
である．外積をとることにより，ω は線形写像

(2.9) $\qquad\qquad\qquad \omega : \Lambda^* \mathfrak{g}^* \longrightarrow A^*(P)$

に自然に拡張される．さて $\Lambda^* \mathfrak{g}^*$ は G 上の左不変な微分形式の全体 $A^*(G)^G$ と同一視することができるが，左不変な微分形式の外微分は明らかにまた左不変である．したがって，$\Lambda^* \mathfrak{g}^*$ は G の de Rham 複体 $A^*(G)$ の部分複体となる．仮定により ω は平坦な接続であるから，上記(2.9)の写像は外微分をとる操作と可換である．したがって，準同型写像
$$\omega^* : H^*(\Lambda^* \mathfrak{g}^* ; d) = H^*(A^*(G)^G) \longrightarrow H^*(A^*(P)) \cong H^*(P ; \mathbb{R})$$
が定義される．この準同型写像に，平坦 G バンドルの何らかの意味の不変量の役割を期待するのは自然であろう(§2.3(a) 参照)．

以上のことを動機づけとして，コホモロジー群 $H^*(\Lambda^* \mathfrak{g}^* ; d)$ を考察しよう．任意の元 $\varphi \in \Lambda^k \mathfrak{g}^*$ は，交代的な多重線形写像
$$\varphi : \underbrace{\mathfrak{g} \times \cdots \times \mathfrak{g}}_{k \text{個}} \longrightarrow \mathbb{R}$$
を定義する．ただし，本書では $\alpha_i \in \mathfrak{g}^*$, $X_i \in \mathfrak{g}$ $(i=1, \cdots, k)$ に対して
$$\alpha_1 \wedge \cdots \wedge \alpha_k (X_1, \cdots, X_k) = \det(\alpha_i(X_j))$$
を対応させる方式を採用する(定数 $\dfrac{1}{k!}$ をかける方式もある)．$d\varphi \in \Lambda^{k+1} \mathfrak{g}^*$ を計算するために $X_1, \cdots, X_{k+1} \in \mathfrak{g}$ とする．ここで各 X_i は Lie 群 G 上の(左不変な)ベクトル場と思っている．このとき，外微分に関する(上記の方式に対応する)よく知られた公式から

(2.10)
$$d\varphi(X_1, \cdots, X_{k+1}) = \sum_{i=1}^{k+1} (-1)^{i+1} X_i \varphi(X_1, \cdots, \hat{X}_i, \cdots, X_{k+1})$$
$$+ \sum_{i<j} (-1)^{i+j} \varphi([X_i, X_j], X_1, \cdots, \hat{X}_i, \cdots, \hat{X}_j, \cdots, X_{k+1})$$

となる．ここで記号 $\hat{X}_i$ は X_i を省くことを表す．ところが右辺の第一項に現れる関数 $\varphi(X_1, \cdots, \hat{X}_i, \cdots, X_{k+1})$ は明らかに G 上の定数関数となるから，そ

の X_i に関する微分は 0 である.したがって結局

(2.11)
$$d\varphi(X_1,\cdots,X_{k+1}) = \sum_{i<j}(-1)^{i+j}\varphi([X_i,X_j],X_1,\cdots,\hat{X}_i,\cdots,\hat{X}_j,\cdots,X_{k+1})$$

となる.こうして外微分
$$d: \Lambda^k\mathfrak{g}^* \longrightarrow \Lambda^{k+1}\mathfrak{g}^*$$
が Lie 代数 $\mathfrak{g}$ の言葉だけで記述されたことになる.

そこで $H^*(\Lambda^*\mathfrak{g}^*;d)$ のことを Lie 代数 $\mathfrak{g}$ のコホモロジーと呼び,$H^*(\mathfrak{g})$ と書くのは妥当であろう.

例 2.10 G をコンパクトで連結な Lie 群とする.このとき Haar 測度により G 上の微分形式を平均する操作を使えば,包含写像 $\Lambda^*\mathfrak{g}^* = A^*(G)^G \subset A^*(G)$ がコホモロジーの同型を導くことが簡単に示せる.したがって
$$H^*(\mathfrak{g}) \cong H^*_{DR}(G) \cong H^*(G;\mathbb{R})$$
となる. □

(b) Lie 代数のコホモロジー群の定義

前項の考察から,一般の Lie 代数 $\mathfrak{g}$ のコホモロジー群 $H^*(\mathfrak{g})$ をつぎのように定義するのは自然であろう.まず $C^0(\mathfrak{g})=\mathbb{R}$ とおき,また正の整数 k に対しては
$$C^k(\mathfrak{g}) = \{\varphi : \underbrace{\mathfrak{g}\times\cdots\times\mathfrak{g}}_{k\text{個}} \longrightarrow \mathbb{R};\ \text{交代的な多重線形写像}\}$$

とおく.ここで交代的とは,任意の k 文字の置換 $\sigma \in \mathfrak{S}_k$ に対して
$$\varphi(X_{\sigma(1)},\cdots,X_{\sigma(k)}) = \operatorname{sgn}\sigma\,\varphi(X_1,\cdots,X_k) \quad (X_i \in \mathfrak{g})$$
となることである.$C^k(\mathfrak{g})$ の元を $\mathfrak{g}$ 上の k コチェインと呼ぶ.前項の方式により,$C^k(\mathfrak{g})$ は $\Lambda^k\mathfrak{g}^*$ と同一視することができる.したがって,コチェインの全体 $C^*(\mathfrak{g})=\oplus_k C^k(\mathfrak{g})$ は外積代数 $\Lambda^*\mathfrak{g}^*$ と同一視される.これによりコチェインの間に誘導される積
$$C^k(\mathfrak{g})\times C^\ell(\mathfrak{g}) \ni (\varphi,\psi) \longmapsto \varphi\wedge\psi \in C^{k+\ell}(\mathfrak{g})$$
は,具体的には

$$\varphi \wedge \psi(X_1, \cdots, X_{k+\ell})$$
$$= \sum_{\sigma \in \mathfrak{S}_{k+\ell}} \mathrm{sgn}\,\sigma \, \frac{1}{k!\ell!} \, \varphi(X_{\sigma(1)}, \cdots, X_{\sigma(k)}) \psi(X_{\sigma(k+1)}, \cdots, X_{\sigma(k+\ell)})$$

により記述される.

さて(2.11)を動機づけとして線形写像
$$d \colon C^k(\mathfrak{g}) \longrightarrow C^{k+1}(\mathfrak{g})$$
を $\varphi \in C^k(\mathfrak{g})$ に対して

(2.12)
$$d\varphi(X_1, \cdots, X_{k+1}) = \sum_{i<j} (-1)^{i+j} \varphi([X_i, X_j], X_1, \cdots, \hat{X}_i, \cdots, \hat{X}_j, \cdots, X_{k+1})$$

と定義する. たとえば $k=1$ の場合には
$$d\varphi(X, Y) = -\varphi([X, Y])$$
となる.

補題 2.11

(i) $d^2 = 0$.

(ii) $d(\varphi \wedge \psi) = d\varphi \wedge \psi + (-1)^k \varphi \wedge d\psi \quad (\varphi \in C^k(\mathfrak{g}))$. □

$\mathfrak{g}$ が Lie 群 G に対応する Lie 代数の場合には, d は G 上の(左不変な)微分形式の通常の外微分を使って定義したのであるから, 上記の補題は明らかである. $\mathfrak{g}$ が一般の Lie 代数の場合にも純粋に代数的な議論で容易に証明できる. 詳細は読者に委ねることにする. 上記の(i)により, $\{C^*(\mathfrak{g}), d\}$ はコチェイン複体となることがわかった. そこでつぎのように定義する.

定義 2.12 $\mathfrak{g}$ を Lie 代数とする. コチェイン複体 $\{C^*(\mathfrak{g}), d\}$ のコホモロジー群を $\mathfrak{g}$ のコホモロジーと呼び, これを $H^*(\mathfrak{g})$ と記す. □

(c) Lie 代数の相対コホモロジーと係数つきコホモロジー

位相空間のコホモロジー論では, 部分空間との対 (X, A) に関する相対コホモロジー群 $H^*(X, A)$ や, あるいは局所系 $\mathcal{S}$ を係数とするコホモロジー群 $H^*(X; \mathcal{S})$ が定義され, 理論上も応用上も重要な役割を果たしている. Lie 代数のコホモロジー論でも同様に, 部分 Lie 代数に相対的なコホモロジーや,

一般のねじれ係数のコホモロジーが定義される.これらを簡単にまとめてみよう.

$\mathfrak{g}$ を Lie 代数とする.任意の元 $X \in \mathfrak{g}$ に対して,それに関する**内部積**(interior product)と呼ばれる線形写像
$$i(X): C^k(\mathfrak{g}) \longrightarrow C^{k-1}(\mathfrak{g})$$
が
$$(i(X)\varphi)(X_1, \cdots, X_{k-1}) = \varphi(X, X_1, \cdots, X_{k-1})$$
により定義される.明らかに $i(X)^2 = 0$ であり,また
$$i(X)(\varphi \wedge \psi) = (i(X)\varphi) \wedge \psi + (-1)^k \varphi \wedge (i(X)\psi) \quad (\varphi \in C^k(\mathfrak{g}))$$
となることがわかる.すなわち $i(X)$ は次数 -1 の反微分である.さて $\mathfrak{h}$ を $\mathfrak{g}$ の Lie 部分代数としよう.このとき
$$C^k(\mathfrak{g}, \mathfrak{h}) = \{\varphi \in C^k(\mathfrak{g}); \text{任意の } X \in \mathfrak{h} \text{ に対して } i(X)\varphi = i(X)d\varphi = 0\}$$
とおけば
$$C^*(\mathfrak{g}, \mathfrak{h}) = \bigoplus_k C^k(\mathfrak{g}, \mathfrak{h})$$
は $C^*(\mathfrak{g})$ の部分複体となることが簡単にわかる.

定義 2.13 $H^*(\mathfrak{g}, \mathfrak{h}) = H^*(C^*(\mathfrak{g}, \mathfrak{h}))$ を Lie 代数 $\mathfrak{g}$ の部分 Lie 代数 $\mathfrak{h}$ に関する**相対コホモロジー**(relative cohomology)という. □

X に関する Lie 微分
$$L_X: C^k(\mathfrak{g}) \longrightarrow C^k(\mathfrak{g})$$
を $L_X = i(X)d + di(X)$ と定義すれば,これは次数 0 の微分となることがわかるが,これを使えば
$$C^*(\mathfrak{g}, \mathfrak{h}) = \{\varphi \in C^*(\mathfrak{g}); \text{任意の } X \in \mathfrak{h} \text{ に対して } i(X)\varphi = L_X\varphi = 0\}$$
と書くこともできる.

相対コホモロジーには,上記の定義を少しだけ一般化したものがある.G を Lie 群とし,K を G の Lie 部分群としよう.$\mathfrak{g}, \mathfrak{k}$ をそれぞれ G, K の Lie 代数とする.随伴表現 $\mathrm{Ad}: G \to GL(\mathfrak{g})$ を K に制限することにより,K は $\mathfrak{g}$ に自己同型として自然に働く.このとき

$$C^k(\mathfrak{g}, K) = \{\varphi \in C^k(\mathfrak{g}); \text{任意の } X \in \mathfrak{k} \text{ に対して } i(X)\varphi = 0,$$
$$\text{任意の } g \in K \text{ に対して}$$
$$\varphi(\mathrm{Ad}(g)X_1, \cdots, \mathrm{Ad}(g)X_k) = \varphi(X_1, \cdots, X_k)\}$$

とおけば

$$C^*(\mathfrak{g}, K) = \bigoplus_k C^k(\mathfrak{g}, K)$$

は $C^*(\mathfrak{g})$ の部分複体となることが確かめられる. すなわち, $\mathfrak{k}$ の任意の元による内部積が 0 となり, K の作用により不変な元全体は部分複体となるのである.

定義 2.14 $H^*(\mathfrak{g}, K) = H^*(C^*(\mathfrak{g}, K))$ を Lie 代数 $\mathfrak{g}$ の K に関する相対コホモロジーという. □

K が連結の場合には

$$C^*(\mathfrak{g}, K) = C^*(\mathfrak{g}, \mathfrak{k})$$

となることが簡単にわかるので, 定義 2.14 は定義 2.13 の一般化である.

また K が G の閉部分群の場合には, 等質空間 G/K 上の G 不変な微分形式全体 $A^*(G/K)^G$ が G/K の de Rham 複体 $A^*(G/K)$ の重要な部分複体となるが, 自然な同一視

$$C^*(\mathfrak{g}, K) \cong A^*(G/K)^G$$

が存在することが簡単にわかる. したがって

$$H^*(\mathfrak{g}, K) \cong H^*(A^*(G/K)^G)$$

となる.

つぎに, 一般のねじれ係数に関する Lie 代数のコホモロジーを考えよう. $\mathfrak{g}$ を Lie 代数, V を $\mathfrak{g}$ 加群すなわち準同型写像 $\mathfrak{g} \to \mathfrak{gl}(V)$ が与えられているものとする. このとき

$$C^k(\mathfrak{g}; V) = \{\varphi : \underbrace{\mathfrak{g} \times \cdots \times \mathfrak{g}}_{k \text{ 個}} \longrightarrow V; \text{交代的な多重線形写像}\}$$

とおき, コバウンダリー作用素

$$d : C^k(\mathfrak{g}; V) \longrightarrow C^{k+1}(\mathfrak{g}; V)$$

を

$$d\varphi(X_1,\cdots,X_{k+1}) = \sum_{i=1}^{k+1}(-1)^{i+1}X_i\varphi(X_1,\cdots,\hat{X}_i,\cdots,X_{k+1})$$
$$+ \sum_{i<j}(-1)^{i+j}\varphi([X_i,X_j],X_1,\cdots,\hat{X}_i,\cdots,\hat{X}_j,\cdots,X_{k+1})$$

と定義すれば，$d^2=0$ となることが確かめられる．ここで上の d の定義と式(2.10)との類似に注意してほしい．

定義2.15 $\mathfrak{g}$ を Lie 代数，V を $\mathfrak{g}$ 加群とする．コチェイン複体 $C^*(\mathfrak{g};V)$ のコホモロジーを $H^*(\mathfrak{g};V)$ と書き，これを $\mathfrak{g}$ の V を係数とするコホモロジーという． □

(d) $\mathfrak{sl}(2,\mathbb{R})$ のコホモロジー

ここで Lie 代数のコホモロジーの一例として，Tr＝0 となる 2 次の実正方行列全体の成す Lie 代数

$$\mathfrak{sl}(2,\mathbb{R}) = \{X \in M(2,\mathbb{R});\ \mathrm{Tr}\,X = 0\}$$

のコホモロジーを計算してみよう．$\mathfrak{sl}(2,\mathbb{R})$ の基底として

$$X_0 = \begin{pmatrix} 1 & 0 \\ 0 & -1 \end{pmatrix},\quad X_1 = \begin{pmatrix} 0 & 1 \\ 0 & 0 \end{pmatrix},\quad X_2 = \begin{pmatrix} 0 & 0 \\ 1 & 0 \end{pmatrix}$$

を選び

$$\varphi_0,\varphi_1,\varphi_2 \in C^1(\mathfrak{sl}(2,\mathbb{R})) = \mathfrak{sl}(2,\mathbb{R})^*$$

をその双対基底としよう．$[X_0,X_1]=2X_1$, $[X_0,X_2]=-2X_2$, $[X_1,X_2]=X_0$ であるから

$$d\varphi_0 = -\varphi_1 \wedge \varphi_2,\quad d\varphi_1 = -2\varphi_0 \wedge \varphi_1,\quad d\varphi_2 = 2\varphi_0 \wedge \varphi_2$$

となる．したがって

$$H^k(\mathfrak{sl}(2,\mathbb{R})) = \begin{cases} \mathbb{R} & k = 0,3 \\ 0 & k \neq 0,3 \end{cases}$$

となることがわかり，$[\varphi_0\varphi_1\varphi_2]$ が $H^3(\mathfrak{sl}(2,\mathbb{R}))$ の生成元となる．

つぎに $SL(2,\mathbb{R})$ の極大コンパクト群 $SO(2)$ を考え,それに関する相対コホモロジー $H^*(\mathfrak{sl}(2,\mathbb{R}), SO(2)) = H^*(\mathfrak{sl}(2,\mathbb{R}), \mathfrak{so}(2))$ を計算しよう.$\mathfrak{so}(2)$ の基底として $X = -X_1 + X_2$ がとれる.このとき
$$i(X)\varphi_0 = 0, \quad i(X)\varphi_1 = -1, \quad i(X)\varphi_2 = 1$$
となる.これから $C^*(\mathfrak{sl}(2,\mathbb{R}), \mathfrak{so}(2))$ の自明でない元は $\varphi_0 \wedge (\varphi_1 + \varphi_2)$ の実数倍に限ることがわかり,したがって
$$H^k(\mathfrak{sl}(2,\mathbb{R}), \mathfrak{so}(2)) = \begin{cases} \mathbb{R} & k = 0, 2 \\ 0 & k \neq 0, 2 \end{cases}$$
となる.

§2.3 平坦バンドルの特性類

(a) 平坦積バンドルの特性類

$\pi: P \to M$ を平坦 G バンドルとし,$\omega \in A^1(P; \mathfrak{g})$ を対応する平坦な接続とする.§2.2(a) で見たように,ω は外微分をとる操作と可換な準同型写像,すなわち d.g.a. 写像
$$\omega: \Lambda^*\mathfrak{g}^* \longrightarrow A^*(P)$$
を誘導する.したがって,そこで展開された Lie 代数のコホモロジーの定義の動機づけから,線形写像

(2.13) $\qquad \omega^*: H^*(\mathfrak{g}) = H^*(\Lambda^*\mathfrak{g}^*; d) \longrightarrow H^*(P; \mathbb{R})$

が定義され,これが平坦バンドルの特性類を与えていると思うのは自然であろう.しかし,特性類はふつう底空間のコホモロジーの元として定義されるものである.ところが上記では底空間ではなく全空間のコホモロジーの元が現れている.ここで,もし切断 $s: M \to P$ が与えられていれば,それが誘導する準同型写像 $s^*: H^*(P; \mathbb{R}) \to H^*(M; \mathbb{R})$ を (2.13) に合成することにより,底空間のコホモロジー類が得られる.一方,主 G バンドルに切断 s を与えることと,主 G バンドルとしての自明化 $P \cong M \times G$ を与えることとは,対応 $M \times G \ni (p, g) \mapsto s(p)g \in P$ により同等となる.これらのことを考慮してつぎ

のような定義をする.

定義 2.16 平坦 G バンドル $\pi: P \to M$ に, 主 G バンドルとしての自明化 $P \cong M \times G$ が与えられているとき, これを**平坦 G 積バンドル**(flat G-product bundle)という. また, 二つの平坦 G 積バンドル $\pi_i: P_i \to M_i$ $(i=1,2)$ の間の平坦バンドルとしてのバンドル写像

(2.14)
$$\begin{CD} P_1 @>{\tilde{f}}>> P_2 \\ @V{\pi_1}VV @VV{\pi_2}V \\ M_1 @>>{f}> M_2 \end{CD}$$

は, 条件 $\tilde{f} \circ s_1 = s_2 \circ f$ をみたしているとき, 平坦 G 積バンドルとしてのバンドル写像という. とくに, 同じ底空間上の二つの平坦 G 積バンドル $\pi_i: P_i \to M$ $(i=1,2)$ は, M の恒等写像上の平坦 G 積バンドルとしてのバンドル写像 $P_1 \to P_2$ が存在するとき, 平坦 G 積バンドルとして同型という. □

以上の準備のもとに, つぎのように定義する.

定義 2.17 $\pi: P \to M$ を平坦 G 積バンドルとし, $s: M \to P$ を対応する切断とする. このとき, 上記のようにして得られる写像

$$w: H^*(\mathfrak{g}) \xrightarrow{\omega^*} H^*(P; \mathbb{R}) \xrightarrow{s^*} H^*(M; \mathbb{R})$$

を**特性準同型写像**(characteristic homomorphism)という. また, 任意の元 $\alpha \in H^k(\mathfrak{g})$ に対して $w(\alpha) \in H^k(M; \mathbb{R})$ を, α に対応する平坦 G 積バンドルの**特性類**という. □

つぎの命題が成立することは定義から明らかであろう.

命題 2.18 二つの平坦 G 積バンドル $\pi_i: P_i \to M_i$ $(i=1,2)$ の間に, 平坦積バンドルとしてのバンドル写像(2.14)が与えられているものとする. このとき, 図式

$$\begin{CD} H^*(\mathfrak{g}) @>{w}>> H^*(M_1; \mathbb{R}) \\ @| @AA{f^*}A \\ H^*(\mathfrak{g}) @>>{w}> H^*(M_2; \mathbb{R}) \end{CD}$$

は可換である.とくに同型な平坦 G 積バンドルの特性類は一致する. □

このような性質を,平坦積バンドルの特性類のバンドル写像に関する**自然性**(naturality)という.

(b) 平坦バンドルの特性類の定義

前項の考察を改良して,一般の平坦 G バンドル $\pi: P \to M$ の特性類を定義しよう.この場合与えられた G バンドルは,主 G バンドルとして必ずしも自明になるとは限らない.したがって切断 $s: M \to P$ の存在を仮定することはできず,定義 2.17 にあるような手順で底空間のコホモロジーの元を得ることはできない.

そこで G の極大コンパクト部分群 K をとり,商空間 P/K を考える.このとき,射影 $\pi: P \to M$ は

(2.15) $$P \longrightarrow P/K \longrightarrow M$$

のように二つの写像を合成したものとなる.まず第一の写像

(2.16) $$P \longrightarrow P/K$$

は明らかに主 K バンドルの構造を持つ.ここで主バンドルに対して成立する重要な一般的な事実を思い出そう.K の Lie 代数を $\mathfrak{k}$ とする.このとき,P 上の微分形式が P/K 上の微分形式の引き戻しとなっているための必要十分条件は,二つの条件

(ⅰ) $\mathfrak{k}$ の元が誘導する P 上の基本ベクトル場による内部積が 0

(ⅱ) K の作用に関して不変

がみたされていることである.この事実と §2.2(c) の考察を組み合わせることにより,つぎの可換な図式が得られる.

(2.17) $$\begin{array}{ccc} C^*(\mathfrak{g}) = \Lambda^* \mathfrak{g}^* & \xrightarrow{\omega} & A^*(P) \\ \uparrow & & \uparrow \\ C^*(\mathfrak{g}, K) = A^*(G/K)^G & \xrightarrow{\omega} & A^*(P/K) \end{array}$$

ここで $C^*(\mathfrak{g}, K) \to C^*(\mathfrak{g})$ と $A^*(P/K) \to A^*(P)$ はそれぞれ自然な単射を表す.

つぎに (2.15) の第二の写像

(2.18) $$P/K \longrightarrow M$$
を考えよう.簡単な考察からこれは G/K をファイバーとするファイバーバンドルの構造を持つことがわかる.ところがよく知られているように G/K はある次元の Euclid 空間と微分同相となり,とくに可縮である.したがって写像(2.18)はホモトピー同値となり,コホモロジーの同型

(2.19) $$H^*(P/K;\mathbb{R}) \cong H^*(M;\mathbb{R})$$

が得られる.二つの式(2.17),(2.19)から線形写像

$$w: H^*(\mathfrak{g}, K) \xrightarrow{\omega^*} H^*(P/K;\mathbb{R}) \cong H^*(M;\mathbb{R})$$

が得られる.

定義 2.19 $\pi: P \to M$ を平坦 G バンドルとする.このとき上記のようにして得られる写像

$$w: H^*(\mathfrak{g}, K) \longrightarrow H^*(M;\mathbb{R})$$

を**特性準同型写像**(characteristic homomorphism)という.また,任意の元 $\alpha \in H^k(\mathfrak{g}, K)$ に対して $w(\alpha) \in H^k(M;\mathbb{R})$ を,α に対応する平坦 G バンドルの**特性類**という. □

平坦積バンドルの場合と同様に,平坦バンドルの特性類に対してもバンドル写像に関する自然性を示すつぎの命題が成立する.

命題 2.20 二つの平坦 G バンドル $\pi_i: P_i \to M_i$ ($i=1,2$) の間に,定義 2.4 にあるような平坦バンドルとしてのバンドル写像が与えられているものとする.このとき,図式

$$\begin{array}{ccc} H^*(\mathfrak{g}, K) & \xrightarrow{w} & H^*(M_1;\mathbb{R}) \\ \parallel & & \uparrow{f^*} \\ H^*(\mathfrak{g}, K) & \xrightarrow{w} & H^*(M_2;\mathbb{R}) \end{array}$$

は可換である.とくに同型な平坦 G バンドルの特性類は一致する. □

(c) 平坦バンドルの分類空間と特性類

ここで前の (a), (b) 項で考察した平坦バンドルの特性類と,それらの分類

§2.3 平坦バンドルの特性類

空間の関係を簡単に記しておく.Lie 群 G を構造群とする主 G バンドルの分類空間は,ふつう BG と書かれる.よく知られているように G が一般線形群 $GL(n,\mathbb{R})$, $GL(n,\mathbb{C})$ の場合には,それらの分類空間は Grassmann 多様体(の極限)により具体的に記述される.

それでは,平坦 G バンドルの分類空間はどう書けるだろうか.定理 2.9 により,ある多様体 M 上に平坦 G バンドルを与えることと,表現 $\pi_1(M) \to G$ を与えることとは同等である.このことをトポロジーの立場から言い換えると,平坦 G バンドルの分類空間は

$$BG^\delta = K(G,1)$$

が果たすということになる.ここで G^δ は G に離散位相を入れた位相群を表す.したがって定義 2.19 に与えた平坦 G バンドルの特性類は,準同型写像

$$w: H^*(\mathfrak{g}, K) \longrightarrow H^*(BG^\delta; \mathbb{R}) = H^*(G^\delta; \mathbb{R})$$

を誘導することになる.

つぎに平坦 G 積バンドルを考える.これは主 G バンドルとしての自明化と平坦 G バンドルとしての構造の二つが与えられているようなバンドルであった.したがって,平坦 G 積バンドルの分類空間は,自然な写像 $BG^\delta \to BG$ のホモトピーファイバー(§1.1(a) 例 1.5(iii) 参照)が果たすことになる.これはふつう $B\overline{G}$ と記され

$$B\overline{G} \longrightarrow BG^\delta \longrightarrow BG$$

というファイバー空間が得られる.G が連結の場合には $\overline{G}$ は具体的に

$$\overline{G} = \{(g,\ell) \in G^\delta \times \mathrm{Map}(I,G);\ \ell(0) = g,\ \ell(1) = e\} \subset G^\delta \times \mathrm{Map}(I,G)$$

と記述される位相群となる.このとき定義 2.17 は,準同型写像

$$w: H^*(\mathfrak{g}) \longrightarrow H^*(B\overline{G}; \mathbb{R})$$

を与えることになる.

以上をまとめると,種々の G バンドルの特性類は,つぎの可換な図式により与えられるということができる.

(2.20)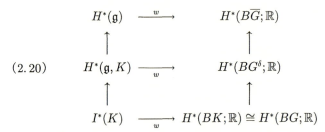

ここで一番下の行では，よく知られた事実すなわち G はその極大コンパクト部分群 K とある Euclid 空間との積に微分同相となること，およびその帰結として BG は BK とホモトピー同値となることとを使った．

(d) Chern–Simons 形式と Chern–Simons 不変量

この項では，Chern–Weil 理論のある種の精密化といえる Chern–Simons 理論について簡単に述べる．詳しくは原論文[13]および，それと密接に関連する Cheeger–Simons の論文[11]を参照してほしい．

$f \in I^k(G)$ を Lie 群 G の不変多項式とする．§2.1(a) ですでに述べたように，接続 $\omega \in A^1(P; \mathfrak{g})$ の与えられた主 G バンドル $\pi: P \to M$ に対して，ある閉形式 $f(\Omega^k) \in A^{2k}(P)$ が定まる．さらにこの微分形式は底空間上の閉形式 $\bar{f}(\Omega^k) \in A^{2k}(M)$ の π による引き戻しの形をしており，$[\bar{f}(\Omega^k)] \in H^{2k}(M; \mathbb{R})$ が f に対応する特性類を表すのであった．さて簡単にわかるように $f(\Omega^k) \in A^{2k}(P)$ 自身は完全形式である．なぜならば，特性類のバンドル写像に関する自然性からこの微分形式は上記のバンドルを射影 π によって全空間に引き戻したものの特性類を表す．ところが，このバンドルは明らかに自明となるからである．Chern–Simons は上記の論文において

$$dTf(\omega) = f(\Omega^k)$$

となるような $2k-1$ 形式 $Tf(\omega) \in A^{2k-1}(P)$ を具体的に構成した．この微分形式を **Chern–Simons 形式**(Chern-Simons form) という．

Weil 代数 $W(\mathfrak{g})$ の言葉をつかえば，Chern–Simons 形式とは，$dTf = f \in I^k(G) \subset W^{2k}(\mathfrak{g})$ となるような元 $Tf \in W^{2k-1}(\mathfrak{g})$ のことである．$W(\mathfrak{g})$ のコホモロジーの自明性から，このような元は必ず存在し任意の二つの差は完全

形式となることがわかる．Chern–Simons はそれらのうち一つの自然な元を特定したということができる．ここでは簡単に結果のみを記すことにする．$v_1,\cdots,v_m$ を $\mathfrak{g}$ の基底とし，$\omega^1,\cdots,\omega^m$ を $\mathfrak{g}^*$ の双対基底とする．また $\Omega^1,\cdots,\Omega^m$ を対応する $S^1\mathfrak{g}^*$ の基底とする．このとき

$$\omega = \sum_{i=1}^m \omega^i\otimes v_i \in \mathfrak{g}^*\otimes\mathfrak{g} \subset W(\mathfrak{g})\otimes\mathfrak{g}$$

$$\Omega = \sum_{i=1}^m \Omega^i\otimes v_i \in S^1\mathfrak{g}^*\otimes\mathfrak{g} \subset W(\mathfrak{g})\otimes\mathfrak{g}$$

は，それぞれ Weil 代数レベルで定義された，普遍的な接続形式および曲率形式である．自然な写像

$$\wedge : (W(\mathfrak{g})\otimes\mathfrak{g}^{\otimes k})\otimes(W(\mathfrak{g})\otimes\mathfrak{g}^{\otimes\ell})\longrightarrow W(\mathfrak{g})\otimes\mathfrak{g}^{\otimes(k+\ell)}$$

$$[\,,\,] : (W(\mathfrak{g})\otimes\mathfrak{g})\otimes(W(\mathfrak{g})\otimes\mathfrak{g})\longrightarrow W(\mathfrak{g})\otimes\mathfrak{g}$$

が定義され，$W(\mathfrak{g})\otimes\mathfrak{g}$ の中でつぎの二つの基本的な方程式

$$d\omega = -\frac{1}{2}[\omega,\omega]+\Omega \quad (\text{構造方程式})$$

$$d\Omega = [\Omega,\omega] \quad (\text{Bianchi の恒等式})$$

が成立する．このとき，不変多項式 $f\in I^k(G)\subset \mathrm{Hom}(\mathfrak{g}^{\otimes k},\mathbb{R})$ に対応する Chern–Simons 形式 $Tf\in W^{2k-1}(\mathfrak{g})$ はつぎの式で与えられる．

$$Tf = \sum_{i=0}^{k-1} A_i\, f(\omega \wedge [\omega,\omega]^i \wedge \Omega^{k-i-1})$$

ただし

$$A_i = (-1)^i \frac{k!\,(k-1)!}{2^i(k+i)!(k-1-i)!}$$

とする．

もし何らかの理由で $Tf(\omega)$ が閉形式となる場合には，P の中の $2k-1$ 次元のサイクル c に対して積分

$$\int_c Tf(\omega)$$

が定義される．このようにして得られる不変量を **Chern–Simons 不変量**

(Chern-Simons invariant) という. たとえば, M を3次元の向き付けられた閉 Riemann 多様体としよう. よく知られているように TM は自明であるから, 正規直交接枠バンドル $P(M)$ に切断 s が存在する. そこで $P(M)$ 上の Levi-Civita 接続と第一 Pontrjagin 類を考えることによって, Chern–Simons 不変量

$$CS(M) = \int_{s(M)} \frac{1}{2} Tp_1 \in \mathbb{R}/\mathbb{Z}$$

が定義される. ここで値を $\mathbb{R}/\mathbb{Z}$ としたのは, 切断を替えれば値が整数分ずれることによる(しかしその後 Atiyah–Patodi–Singer [2] の定義した η 不変量との関係が明らかになり整数分の任意性は消すことができることになった). また, M を向き付けられた3次元閉多様体とし, M 上の自明な $SU(2)$ バンドルの接続全体のなす空間を $\mathcal{A}_M$ と記せば, c_2 に対応する Chern–Simons 不変量は関数

$$CS: \mathcal{A}_M \longrightarrow \mathbb{R}$$

を誘導する. この関数は最近のゲージ理論を使った低次元トポロジーにおいて基本的な役割を果たしている(たとえば[45]参照).

さて平坦な接続 ω に対しては Chern–Simons 形式 $Tf(\omega)$ は閉形式となる. したがって, その de Rham コホモロジー類 $[Tf(\omega)] \in H^{2k-1}(P; \mathbb{R})$ を考えることができる. これを **Chern–Simons 類**(Chern-Simons class) という. さらに平坦 G 積バンドルに対しては切断 $s: M \to P$ により引き戻すことにより, Chern–Simons 類は底空間の, したがって分類空間のコホモロジーとして定義される. 具体的には, ある自然な閉形式 $\overline{Tf} \in \Lambda^{2k-1}\mathfrak{g}^*$ が存在して

$$H^{2k-1}(\mathfrak{g}) \ni [\overline{Tf}] \xrightarrow{w} [\overline{Tf}] \in H^{2k-1}(B\overline{G}; \mathbb{R})$$

となる. この $\overline{Tf}$ は Weil 代数の中で定義された Tf の $\Lambda^*\mathfrak{g}^*$ への射影に他ならない. さらに f の表す特性類 $[f] \in H^{2k}(BG; \mathbb{R})$ が整数係数のコホモロジー類の像である場合には, $\mathbb{R}/\mathbb{Z}$ に値をもつコホモロジー類

$$[Tf] \in H^{2k-1}(BG^\delta; \mathbb{R}/\mathbb{Z})$$

として Chern–Simons 類は定義される. たとえば, 平坦な複素ベクトルバン

ドルに対しては
$$Tc_k \in H^{2k-1}(BGL(n,\mathbb{C})^\delta; \mathbb{C}/\mathbb{Z})$$
が定義される.

例 2.21 ほとんど自明ではあるが,高次元への一般化を考える際に示唆に富む例として $G=GL(1,\mathbb{C})=\mathbb{C}^*$ を考えよう.この場合 $BG=K(\mathbb{Z},2)$, $BG^\delta=K(\mathbb{C}^*,1)$, $B\overline{G}=K(\mathbb{C},1)$ となることが簡単にわかる.そして $H^*(BG;\mathbb{Z})=\mathbb{Z}[c_1]$ であるが, $Tc_1 \in H^1(BG^\delta;\mathbb{C}/\mathbb{Z}) \cong \mathrm{Hom}_{\mathbb{Z}}(\mathbb{C}^*,\mathbb{C}/\mathbb{Z})$ と $Tc_1 \in H^1(B\overline{G};\mathbb{C}) \cong \mathrm{Hom}_{\mathbb{Z}}(\mathbb{C},\mathbb{C})$ は,可換な図式

(2.21)
$$\begin{array}{ccc} \mathbb{C} & \xrightarrow{\times \frac{1}{2\pi i}} & \mathbb{C} \\ \exp \downarrow & & \downarrow \mathrm{mod}\,\mathbb{Z} \\ \mathbb{C}^* & \xrightarrow[\frac{1}{2\pi i}\log]{} & \mathbb{C}/\mathbb{Z} \end{array}$$

により与えられることがわかる. □

(e) 平坦バンドルの特性類の非自明性

平坦バンドルの特性類(定義 2.19)の非自明性について考えよう.G を連結で半単純な Lie 群とすれば,Borel と Harish-Chandra による深い理論に基づいて Borel [6] は,ある離散部分群 $\Gamma \subset G$ で $\Gamma \backslash G$ がコンパクトになるようなものが存在することを示した.よく知られた Selberg の補題により,Γ としてねじれ元がないものがとれる.したがって K を G の極大コンパクト部分群とすれば,$M=\Gamma \backslash G/K=K(\Gamma,1)$ は向き付けられた閉多様体となる.このとき M 上の平坦 G バンドルを $\pi: \Gamma \backslash ((G/K) \times G) \to M$ により定義する.ただし,Γ の $(G/K) \times G$ への作用は $\gamma([g],h)=([\gamma g],\gamma h)$ ($\gamma \in G$, $[g] \in G/K$, $h \in G$) とする.このとき,同伴する平坦 G/K バンドル $\Gamma \backslash (G/K \times G/K) \to \Gamma \backslash G/K$ には,自然な対角埋め込み $G/K \subset G/K \times G/K$ の誘導する切断が定義される.そして,これは明らかにホモトピー同値写像となる.これらのことによって,バンドル π の特性準同型写像 $H^*(\mathfrak{g},K) \to H^*(M;\mathbb{R})$ は,自然な写像

$$A^*(G/K)^G \longrightarrow A^*(M)$$

により誘導されることがわかる．この写像は，最高次すなわち M の次元のところではいずれも体積要素となるので同型である．一方 Koszul [46] により，$H^*(\mathfrak{g}, K)$ は Poincaré 双対定理をみたすことが知られている．上記の写像は積を保つ代数としての準同型であることから，コホモロジーに移ればそれは単射となることがわかる．こうしてつぎの定理が証明された．

定理 2.22（Borel, Harish-Chandra, Selberg, Koszul） G を連結な半単純 Lie 群とし，K をその極大コンパクト部分群とする．このとき，準同型写像

$$H^*(\mathfrak{g}, K) \longrightarrow H^*(BG^\delta; \mathbb{R})$$

は単射である． □

つぎの例は，平坦バンドルの特性類，Chern–Simons 不変量，η 不変量，葉層構造の特性類（§3.4 参照），そして負曲率多様体の幾何学などが渾然一体となった重要なものである．

例 2.23 Lie 群 $PSL(2,\mathbb{C}) = SL(2,\mathbb{C})/\{\pm 1\}$ を考える．よく知られているように，$PSL(2,\mathbb{C})$ は負の定曲率をもつ 3 次元双曲空間 $\mathbb{H}^3$ の向きを保つ等長変換群の役割を果たす．具体的には，極大コンパクト部分群 $SO(3)$ による商空間 $PSL(2,\mathbb{C})/SO(3)$ が $\mathbb{H}^3$ と同一視され，さらに主 $SO(3)$ バンドル

$$SO(3) \longrightarrow PSL(2,\mathbb{C}) \longrightarrow PSL(2,\mathbb{C})/SO(3)$$

が $\mathbb{H}^3$ の正規直交接枠バンドル $P(\mathbb{H}^3)$ と同一視されるのである．さて $PSL(2,\mathbb{C})$ の Lie 代数は $\mathfrak{sl}(2,\mathbb{C})$ であるが，具体的な計算により

$$H^*(\mathfrak{sl}(2,\mathbb{C})) \cong H^*(S^3 \times S^3; \mathbb{R})$$

$$H^*(\mathfrak{sl}(2,\mathbb{C}), SO(3)) \cong H^*(S^3; \mathbb{R})$$

がわかる．さらに $H^3(\mathfrak{sl}(2,\mathbb{C}), SO(3)) \cong \mathbb{R}$ は $\mathbb{H}^3$ の体積要素 v により生成され，自然な同型

$$H^3(\mathfrak{sl}(2,\mathbb{C})) \cong \mathbb{C}$$

の実部は第一 Pontrjagin 類に対応する $P(\mathbb{H}^3)$ 上の Chern–Simons 形式 Tp_1 が生成し，虚部は v により生成されることが検証できる（たとえば [64] 参照）．さて $\Gamma \subset PSL(2,\mathbb{C})$ をねじれ元のない離散部分群で，商空間 $\Gamma\backslash PSL(2,\mathbb{C})$ がコンパクトなものとする．このような部分群は豊富に存在していること

が Thurston により証明されている．このとき $M = \Gamma\backslash PSL(2,\mathbb{C})/SO(3)$ は，コンパクトな3次元双曲多様体と呼ばれるものとなり，$\Gamma\backslash PSL(2,\mathbb{C})$ は M の正規直交接枠バンドル $P(M)$ と同一視される．M は平行化可能であることが知られているので，$P(M)$ は $M \times S^3$ と微分同相である．こうして，準同型写像

$$H^*(\mathfrak{sl}(2,\mathbb{C})) \longrightarrow H^*(P(M);\mathbb{R}) \cong H^*(M \times S^3;\mathbb{R})$$

が得られるが，これは Chern–Simons 不変量が自明でないような M に対しては単射となる．さらに対角行列の全体を $PSO(2) \subset PSL(2,\mathbb{C})$ とすれば，それによる商 $P(M)/PSO(2) \to M$ は M 上の $SO(3)/PSO(2) = \mathbb{C}P^1$ バンドルとなる．これは §3.1(a) で定義する葉層 $\mathbb{C}P^1$ バンドルとなり，その構造群は $\mathbb{C}P^1$ に正則に作用する群としての $PSL(2,\mathbb{C})$ となることがわかる．詳しくは論文[51]に記述がある． □

§2.4 Gel'fand–Fuks コホモロジー

(a) 平坦バンドルの特性類——再考

まず §2.3(a) で述べた平坦積バンドルの特性類の構成を，もう少し幾何学的な観点から見直してみよう．$\pi: P \to M$ を平坦 G 積バンドルとする．すなわち，自明化 $P \cong M \times G$ とそれに対応する切断 $s: M \to P$，さらに平坦な接続 ω が与えられているとする．二つの d.g.a. 写像 ω, s^* を合成したもの

$$s^* \circ \omega : \Lambda^* \mathfrak{g}^* \xrightarrow{\omega} A^*(P) \xrightarrow{s^*} A^*(M)$$

の誘導する線形写像

$$s^* \circ \omega^* : H^*(\mathfrak{g}) \longrightarrow H^*(M;\mathbb{R})$$

が平坦積バンドルの特性類を与えるのであった．この写像を詳しく見てみよう．任意の元 $\varphi \in C^k(\mathfrak{g}) \cong \Lambda^k \mathfrak{g}^*$，すなわち交代的な多重線形写像

$$\varphi : \underbrace{\mathfrak{g} \times \cdots \times \mathfrak{g}}_{k\text{個}} \longrightarrow \mathbb{R}$$

に対し，$s^*\omega(\varphi) \in A^k(M)$ が定まる．具体的には

$$X_1, \cdots, X_k \in T_pM \quad (p \in M)$$

とするとき

(2.22) $\quad s^*\omega(\varphi)(X_1, \cdots, X_k) = \omega(\varphi)(s_*X_1, \cdots, s_*X_k)$
$\qquad\qquad\qquad\qquad = \varphi(\omega(s_*X_1), \cdots, \omega(s_*X_k))$

である. 一方, $\widetilde{X}_i \in T_{(p,e)}(M \times G)$ ($e \in G$ は単位元を表す) を X_i のリフトで ω に関して水平なものとし, 等式

$$\widetilde{X}_i = s_*X_i + \widetilde{X}_i^f$$

により $\widetilde{X}_i^f \in T_eG$ を定義すれば, これは $\widetilde{X}_i$ を積構造 $P = M \times G$ に関してファイバー方向に射影したものとなることがわかる(図2.6参照).

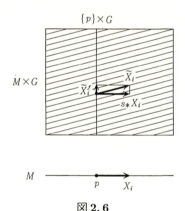

図 2.6

このとき

$$\omega(s_*X_i) = \omega(\widetilde{X}_i - \widetilde{X}_i^f) = -\omega(\widetilde{X}_i^f)$$

であるから(2.22)に代入して

(2.23) $\quad s^*\omega(\varphi)(X_1, \cdots, X_k) = (-1)^k \varphi(\widetilde{X}_1^f, \cdots, \widetilde{X}_k^f)$

を得る. さて $\widetilde{X}_i^f$ の構成は $p \in M$ 上のファイバー $\{p\} \times G$ の一般の点 (p, g) においても同様にできるので, g を動かすことにより $\widetilde{X}_i^f$ は $\{p\} \times G = G$ の上のベクトル場と思うことができる. しかし明らかにこのベクトル場は左不変なベクトル場であり, したがって

$$\widetilde{X}_i^f \in T_eG = \mathfrak{X}(G)^G$$

と書くことができる.そのように理解した上で改めて(2.23)を
$$\tilde{\varphi}(X_1,\cdots,X_k)$$
と書くことにしよう.このように考えることは,今のところは記述をことさらに複雑にしているように見えると思う.しかし,つぎの項で構造群が無限次元の群となるような一般の平坦積バンドルを考える際に,それは本質的な役割を果たすことになる.

こうして対応
$$C^k(\mathfrak{g}) \ni \varphi \longmapsto \tilde{\varphi} \in A^k(M)$$
が定義されたことになる.上の記述をたどってみれば容易にわかるように,この対応はωが平坦でなくても定義されている.ここで肝心なことは,ωが平坦ならば等式
$$\widetilde{d\varphi} = d\tilde{\varphi}$$
が成立するという事実である.

もう一つ重要な事実を思い出しておこう.すなわち§2.2(a)の(2.11)で述べたように,外微分$d\varphi \in C^{k+1}(\mathfrak{g})$は式
$$d\varphi(X_1,\cdots,X_{k+1}) = \sum_{i<j}(-1)^{i+j}\varphi([X_i,X_j],X_1,\cdots,\hat{X}_i,\cdots,\hat{X}_j,\cdots,X_{k+1})$$
により純粋に代数的に定義されているのである.

(b) 一般の多様体をファイバーとする平坦バンドル

前項までに考察した平坦バンドルはすべて,(有限次元の)Lie群を構造群とする平坦バンドルであった.これらの考察を,多様体の微分同相群のように無限次元の群を構造群とするバンドルに拡張することを考えよう.

FをC^∞多様体とするとき,Fの微分同相写像全体のつくる群をDiff Fと書くことにする.Diff Fは,Fをファイバーとする一般の微分可能なファイバーバンドル$\pi:E\to M$の構造群の役割を果たすと考えることができる.以後このようなバンドルを単にFバンドルと呼ぶことにする.

定義 2.24 Mをn次元C^∞多様体とし,$\pi:E\to M$をFバンドルとする.E上のn次元の分布$\mathcal{H}=\{H_u; u\in E\}$であって,各ファイバーに横断的なも

の,すなわち条件
$$E_u = V_u \oplus H_u \quad (u \in E)$$
をみたすもののことを**接続**(connection)という.ここで$V_u \subset T_u E$は,uにおいてファイバーに接する接ベクトル全体のつくる部分空間とする. □

Fが閉多様体の場合には,底空間上の任意の滑らかな曲線$\ell:[a,b]\to M$に沿う平行移動
$$h_\ell: E_{\ell(a)} \longrightarrow E_{\ell(b)}$$
を,主バンドルの場合と同じようにして定義することができ,それは$\ell(a)$上のファイバー$E_{\ell(a)}$から$\ell(b)$上のファイバー$E_{\ell(b)}$への微分同相を与える.しかし,Fがコンパクトでない場合には平行移動は必ずしも定義されるとは限らない.そこでつぎのように定義する.

定義 2.25 ファイバーバンドル上の接続は,底空間上の任意の滑らかな曲線に沿う平行移動がつねに定義されるとき,**強い意味での接続**(strict connection)と呼ぶ. □

主バンドルに接続が与えられると,それを"微分"することにより曲率が定義された.そして曲率が0になることと,接続を全空間上の分布と思ったとき,それが完全積分可能となることとは同等であった.このことを念頭においてつぎのように定義する.

定義 2.26 Fバンドル上の接続は,それが完全積分可能であるとき平坦な接続という.平坦な接続が与えられたFバンドルを**平坦Fバンドル**(flat F-bundle)という.さらに,接続が強い意味での接続となっているとき,これを**強い意味での平坦Fバンドル**(strictly flat F-bundle)という. □

すでに注意したように,Fが閉多様体の場合には平坦Fバンドルはつねに強い意味での平坦バンドルとなる.

定義 2.27 同じ底空間上の二つの平坦Fバンドル$\pi_i: E_i \to M$ $(i=1,2)$は,Fバンドルとしての同型写像$E_1 \cong E_2$で,E_1の接続をE_2の接続に移すものが存在するとき,平坦Fバンドルとして互いに同型であるという. □

さて,$\pi: E\to M$を強い意味での平坦Fバンドルとしよう.このとき§2.1(d)の議論をそのまま適用することにより,準同型写像

§2.4 Gel'fand–Fuks コホモロジー ——— 83

$$\rho : \pi_1(M) \longrightarrow \mathrm{Diff}\, F$$

であって，平坦 F バンドルとしての同型

$$E \cong \widetilde{M} \times F/\pi_1(M)$$

が存在するようなものを定義することができる．これを**ホロノミー準同型写像**(holonomy homomorphism)，あるいは場合によっては**モノドロミー準同型写像**(monodromy homomorphism)という．ここで $\pi_1(M)$ は $\widetilde{M}$ には被覆変換群として作用し，F には ρ を経由して作用するものとする．

つぎの定理は定理 2.9 と全く同様にして証明することができる．

定理 2.28 M, F を C^∞ 多様体とする．このとき，M 上の強い意味での平坦 F バンドルに対して，そのホロノミーを対応させる写像は 1 対 1 対応

$$\{M \text{ 上の強い意味での平坦 } F \text{ バンドルの同型類}\}$$
$$\cong \{\text{準同型写像 } \rho : \pi_1(M) \to \mathrm{Diff}\, F \text{ の共役類}\}$$

を誘導する． □

(c) Gel'fand–Fuks コホモロジーの定義

この項では，C^∞ 多様体 F の Gel'fand–Fuks コホモロジーと呼ばれる群 $H_{GF}^*(F)$ を定義する．よく知られているように，F 上の C^∞ ベクトル場全体 $\mathfrak{X}(F)$ はかっこ積に関して Lie 代数の構造を持つ．したがって，そのコホモロジー群が定義される(§2.2 参照)．しかしこれは計算するにはあまりに大きな対象であり，また幾何学的な意味もつけにくい．一方，$\mathfrak{X}(F)$ には C^∞ 位相と呼ばれる自然な位相が定義されて位相 Lie 代数となることがわかる．そこで，この位相に関して連続なコチェインだけを考えてコホモロジーをとることが考えられる．これを $\mathfrak{X}(F)$ の**連続コホモロジー**(continuous cohomology)といい，$H_c^*(\mathfrak{X}(F))$ と書くことにする．Gel'fand–Fuks コホモロジー $H_{GF}^*(F)$ とはこの群のことに他ならない．

詳しい定義を述べる前に，平坦バンドルの考察をもう少し続けよう．

定義 2.29 平坦 F バンドル $\pi : E \to M$ に，F バンドルとしての同型 $E \cong M \times F$ が与えられているとき，これを**平坦 F 積バンドル**(flat F-product bundle)という． □

言い換えると,平坦 F 積バンドルとは,自明な F バンドル $M \times F$ 上に M の次元と同じ次元の分布で,ファイバーに横断的でありかつ完全積分可能なものが与えられているもののことである.このとき,底空間上の任意の点 $p \in M$ に対して,線形写像
$$T_p M \ni X \longmapsto \widetilde{X}^f \in \mathfrak{X}(F)$$
をつぎのようにして定義することができる. p 上のファイバーの任意の点 $(p,u) \in M \times F$ において, X の与えられた接続に関して水平なリフト $\widetilde{X} \in T_{(p,u)}$ を考え,それの F への正射影を $\widetilde{X}^f(u) \in T_u F$ とする(図 2.7 参照).

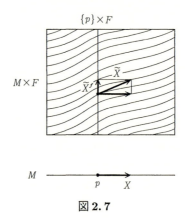

図 2.7

ここで u を動かすことにより得られる F 上のベクトル場を $\widetilde{X}^f$ とするのである.ここでもし $C^k(\mathfrak{X}(F))$ の元,すなわち交代的な多重線形写像
(2.24) $$\eta : \underbrace{\mathfrak{X}(F) \times \cdots \times \mathfrak{X}(F)}_{k \text{個}} \longrightarrow \mathbb{R}$$
が与えられたとしよう.このとき $X_1, \cdots, X_k \in T_p M$ に対して
(2.25) $$\tilde{\eta}(X_1, \cdots, X_k) = \eta(\widetilde{X}_1^f, \cdots, \widetilde{X}_k^f)$$
とおけば,交代的な多重線形写像
$$\tilde{\eta} : \underbrace{T_p M \times \cdots \times T_p M}_{k \text{個}} \longrightarrow \mathbb{R}$$
が得られる.もしこのようにして定義される $\tilde{\eta}$ が p について C^∞ 級となっていれば, M 上の k 形式 $\tilde{\eta} \in A^k(M)$ が得られる.この条件を保証するのが η

§2.4 Gel'fand–Fuks コホモロジー ─── 85

の $\mathfrak{X}(F)$ の位相に関する連続性である.

以上の考察をもとに，いよいよ Gel'fand–Fuks コホモロジーを定義しよう．まず $\mathfrak{X}(F)$ の C^∞ 位相を定義する．$X \in \mathfrak{X}(F)$ を F 上のベクトル場とする．F の任意の座標近傍 U とその局所座標 $x_1, \cdots, x_n$ に対し，X の U 上の表示を

$$X = \sum_{i=1}^{n} f_i(x)\frac{\partial}{\partial x_i}$$

とする．また K を U に含まれるコンパクト集合，r を負でない整数，$\varepsilon > 0$ を正数とする．一般のベクトル場 $Y \in \mathfrak{X}(F)$ の U 上の表示

$$Y = \sum_{i=1}^{n} g_i(x)\frac{\partial}{\partial x_i}$$

を考え，その各係数 $g_i(x)$ の $x_1, \cdots, x_n$ に関する r 階以下のすべての偏導関数と $f_i(x)$ の対応する偏導関数の差の絶対値が K 上で ε 未満となるような Y の全体を

$$N(X; U, K, r, \varepsilon)$$

と書く．

定義 2.30 F を C^∞ 多様体とする．上のような形の集合 $N(X; U, K, r, \varepsilon)$ の有限個の共通部分を開集合の基とするような $\mathfrak{X}(F)$ の位相を C^∞ 位相という． □

容易にわかるように，かっこ積をとる演算はこの位相に関し連続である．このことから，交代的な多重線形写像

$$\underbrace{\mathfrak{X}(F) \times \cdots \times \mathfrak{X}(F)}_{k\text{個}} \longrightarrow \mathbb{R}$$

で，C^∞ 位相に関して連続なものの全体を $A_c^k(\mathfrak{X}(F))$ とし，$A_c^*(\mathfrak{X}(F)) = \oplus_k A_c^k(\mathfrak{X}(F))$ とおけば，これは $A^*(\mathfrak{X}(F))$ の部分複体となることがわかる．そこでつぎのように定義する．

定義 2.31 C^∞ 多様体 F に対し，そのベクトル場全体のつくる位相 Lie 代数 $\mathfrak{X}(F)$ の連続コホモロジー $H^*(A_c^*(\mathfrak{X}(F))$ を，F の **Gel'fand–Fuks** コホモロジー (Gel'fand-Fuks cohomology) といい，$H_{GF}^*(F)$ と書く． □

(d) 平坦 F 積バンドルの特性類

平坦 F 積バンドルに対しても，§2.3(a) と同様にしてバンドル写像が定義される．

命題 2.32 $\pi: E \to M$ を平坦 F 積バンドルとする．このとき，任意の元 $\eta \in A_c^k(\mathfrak{X}(F))$ に対して，(2.25) により定義される $\tilde{\eta}$ は C^∞ 級であり，したがって $A^k(M)$ の元となる．さらに
$$\widetilde{d\eta} = d\tilde{\eta}$$
である． □

この命題の系としてつぎの定理が得られる．

定理 2.33 $\pi: E \to M$ を平坦 F 積バンドルとする．このとき，対応
$$A_c^*(\mathfrak{X}(F)) \ni \eta \longmapsto \tilde{\eta} \in A^*(M)$$
は d.g.a. 写像であり，したがってそれは準同型写像
$$H_{GF}^*(F) \longrightarrow H^*(M; \mathbb{R})$$
を誘導する．この準同型写像は平坦 F 積バンドルのバンドル写像に関して自然である．したがって，Gel'fand–Fuks コホモロジー群 $H_{GF}^*(F)$ の元は，平坦 F 積バンドルの特性類の役割を果たす． □

§2.3(c) の考察を今の状況に一般化すれば，平坦 F 積バンドルの分類空間は，自然な写像 $\mathrm{BDiff}^\delta F \to \mathrm{BDiff}\, F$ のホモトピーファイバーが果たすことがわかる．この空間を $\mathrm{B\overline{Diff}}\, F$ と記せば，ファイバー空間
$$\mathrm{B\overline{Diff}}\, F \longrightarrow \mathrm{BDiff}^\delta F \longrightarrow \mathrm{BDiff}\, F$$
が得られる．このとき上記の定理は，準同型写像
$$H_{GF}^*(F) \longrightarrow H^*(\mathrm{B\overline{Diff}}\, F)$$
が存在することを主張している．

[命題 2.32 の証明] 初めに，$\tilde{\eta}$ が M 上の C^∞ 級の微分形式となることを示す．まず $\tilde{\eta}$ が M 上の関数に関して線形であること，すなわち任意の $f \in C^\infty(M)$ と $X_1, \cdots, X_k \in \mathfrak{X}(M)$ に対して
$$\tilde{\eta}(fX_1, \cdots, fX_k) = f\tilde{\eta}(X_1, \cdots, X_k)$$
となることは定義から明らかであろう．そこで $\tilde{\eta}$ が C^∞ 級であることを示せ

§2.4 Gel'fand–Fuks コホモロジー——87

ばよい．X を $p \in M$ の近傍 U で定義されたベクトル場とする．このとき，任意の点 $q \in U$ に対して F 上のベクトル場
$$\widetilde{X}_q^f$$
が定まるが，q を動かしたときこれは明らかに C^∞ 級に変化する．このことと，$\tilde{\eta}$ の定義から結局つぎのことを示せばよいことになる．すなわち，パラメーター t について C^∞ 級の k 個のベクトル場の族 $X_i(t) \in \mathfrak{X}(F)$ $(i=1,\cdots,k)$ に対して

(2.26) $$\eta(X_1(t),\cdots,X_k(t)) \in \mathbb{R}$$

が t について C^∞ 級の関数となるということである．このことを保証するのが，そもそも Gel'fand–Fuks コホモロジーの定義に含まれるベクトル場の C^∞ 位相に関する連続性であるが，このことを簡単に確かめてみよう．$\eta \in A_c^k(\mathfrak{X}(F))$ を任意の元とするとき，連続性から
$$\lim_{t \to 0} \eta(X_1(t),\cdots,X_k(t)) = \eta(X_1(0),\cdots,X_k(0))$$
となる．したがって(2.26)はまず C^0 級となる．つぎに等式
$$\lim_{t \to 0} \frac{\eta(X_1(t),\cdots,X_k(t)) - \eta(X_1(0),\cdots,X_k(0))}{t}$$
$$= \sum_{i=1}^k \eta(X_1(0),\cdots,X_i'(0),\cdots,X_k(0))$$
から(2.26)は C^1 級となる．同様の議論を続ければ，結局(2.26)は C^∞ 級の関数となることがわかる．これで $\tilde{\eta}$ が実際 M 上の C^∞ 級の微分形式となることが示された．

つぎに

(2.27) $$\widetilde{d\eta} = d\tilde{\eta}$$

であることを証明しよう．まず底空間上のベクトル場 $X \in \mathfrak{X}(M)$ に対して，全空間 $E = M \times F$ 上の各点において水平なリフトを考えて得られるベクトル場を $\widetilde{X} \in \mathfrak{X}(E)$ と書く．このとき，接続の平坦性と Frobenius の定理から，任意の $X, Y \in \mathfrak{X}(M)$ に対して

(2.28) $$\widetilde{[X,Y]} = [\widetilde{X},\widetilde{Y}]$$

となる．さて(2.27)を証明するためには，任意の $X_1,\cdots,X_{k+1} \in \mathfrak{X}(M)$ に対

して

(2.29) $\widetilde{d\eta}(X_1, \cdots, X_{k+1}) = d\bar{\eta}(X_1, \cdots, X_{k+1})$

となることを示せばよい．これは局所的に示せば十分なので，M 上の任意の局所座標系 $(U; y_1, \cdots, y_m)$ で考える．関数に関する線形性はすでにわかっているので

$$X_i = \frac{\partial}{\partial y_i} \quad (i=1, \cdots, k+1)$$

と仮定して(2.29)を証明すればよい．さて

$$\widetilde{X_i} = X_i + \xi_i$$

とおこう(記法を簡単にするため，$\widetilde{X_i}^f$ の代わりに ξ_i と書いた)．ξ_i は積多様体 $E = M \times F$ 上の垂直なベクトル場であるが，任意の点 $p \in M$ に対して $\xi_i(p) \in \mathfrak{X}(F)$ と考えることができる．明らかに $[X_i, X_j] = 0$ であるから(2.28)から

$$[\widetilde{X_i}, \widetilde{X_j}] = 0$$

となる．一方

$$[\widetilde{X_i}, \widetilde{X_j}] = [X_i + \xi_i, X_j + \xi_j]$$
$$= \frac{\partial}{\partial y_i}\xi_j - \frac{\partial}{\partial y_j}\xi_i + [\xi_i, \xi_j]$$

である．したがって等式

(2.30) $$[\xi_i, \xi_j] = \frac{\partial}{\partial y_j}\xi_i - \frac{\partial}{\partial y_i}\xi_j$$

が得られる．さて(2.29)の左辺を A とおけば

(2.31) $A = \widetilde{d\eta}(X_1, \cdots, X_{k+1})$
$= d\eta(\xi_1, \cdots, \xi_{k+1})$
$= \sum_{i<j}(-1)^{i+j}\eta([\xi_i, \xi_j], \xi_1, \cdots, \hat{\xi_i}, \cdots, \hat{\xi_j}, \cdots, \xi_{k+1})$

となる．一方，(2.29)の右辺を B とおけば，$[X_i, X_j] = 0$ を使うことにより

(2.32) $B = d\bar{\eta}(X_1, \cdots, X_{k+1})$

$$= \sum_i (-1)^{i+1} X_i \tilde{\eta}(X_1, \cdots, \hat{X}_i, \cdots, X_{k+1})$$

$$= \sum_i (-1)^{i+1} X_i \eta(\xi_1, \cdots, \hat{\xi}_i, \cdots, \xi_{k+1})$$

となる.A, B はいずれも U 上の関数であり,証明すべきことは $A=B$ である.そこで $p \in U$ を任意の点とし,簡単のためにその点の局所座標は原点 $y_i = 0$ に対応しているものとしよう.このとき (2.31) に (2.30) を代入すれば

(2.33)
$$A(p) = \sum_{i<j} (-1)^{i+j} \eta \Big(\frac{\partial \xi_i}{\partial y_j}(0) - \frac{\partial \xi_j}{\partial y_i}(0), \xi_1(0), \cdots, \hat{\xi}_i(0), \cdots, \hat{\xi}_j(0), \cdots, \xi_{k+1}(0) \Big)$$

が得られる.一方,(2.32) から

(2.34) $$B(p) = \sum_i (-1)^{i+1} \frac{\partial}{\partial y_i} \eta(\xi_1, \cdots, \hat{\xi}_i, \cdots, \xi_{k+1})\Big|_{y_i=0}$$

$$= \sum_i (-1)^{i+1} \sum_{j \neq i} \eta \Big(\xi_1(0), \cdots, \frac{\partial \xi_j}{\partial y_i}(0), \cdots, \xi_{k+1}(0) \Big)$$

が得られる.ここで $A(p), B(p)$ を注意深く比較すれば,それらが一致することが確かめられ,証明が終わる. ∎

3 葉層構造の特性類

　この章では葉層構造の特性類の理論について解説する．葉層構造とは，簡単にいえば多様体上のある種の模様のことである．局所的にはどこも同じように見えるものを考えるのであるが，大域的には多様な模様を描くことができる．その大域的な振る舞いをコホモロジーのことばで表現したものが葉層構造の特性類である．この理論は 1960 年代の終わり頃から 70 年代初めにかけて短期間のうちに整備された．

　ここではまず，葉層構造の特性類の代表といえる Godbillon–Vey 類について，余次元 1 の場合の定義と Thurston による連続変化の例を述べる．つぎに特性類の一般論を，第 2 章に登場した Gel'fand–Fuks 理論の観点から概説する．詳しくは[8], [9], [26]等を参照してほしい．§3.5 では，葉層構造の特性類の大きな特徴である連続変化から必然的に派生する，不連続な現象に関するある問題を定式化する．

§3.1　葉層構造

（a）　葉層構造の定義

　C^∞ 多様体上の葉層構造とは，大ざっぱにいえば次元が一定の部分多様体の族でその多様体全体を"きれいに"覆いつくすことである．ここで"きれいに"とは，局所的には n 次元 Euclid 空間 $\mathbb{R}^n$ を

$$\mathbb{R}^n = \bigcup_{x \in \mathbb{R}^q} \mathbb{R}^{n-q} \times \{x\}$$

のように $n-q$ 次元の部分空間 $\mathbb{R}^{n-q}$ を平行移動したもの達で覆ったものと同じ形をしていることを意味する．またこの節では，部分多様体という言葉を最も広い意味で使うことにする．すなわち，1対1のはめ込みの像を部分多様体と呼ぶ．定義を述べよう．

定義3.1 M を n 次元 C^∞ 多様体とする．M 上の**余次元**(codimension) q の**葉層構造**(foliation)とは，$n-q$ 次元の連結な部分多様体の族 $\mathcal{F} = \{L_\alpha\}_{\alpha \in A}$ であってつぎの条件がみたされているものをいう．

(i) L_α 達は互いに交わらず，またそれらの合併集合は M 全体となる．

(ii) M の任意の点 p に対し，ある開近傍 $U \ni p$ と微分同相写像 $\varphi : U \to \mathbb{R}^n = \mathbb{R}^{n-q} \times \mathbb{R}^q$ が存在して，任意の $\alpha \in A$ に対し $U \cap L_\alpha$ の各連結成分の φ による像は $\{x = (x_1, \cdots, x_n) \in \mathbb{R}^n;\ x_{n-q+1} = c_{n-q+1}, \cdots, x_n = c_n\}$ の形となる(図3.1参照)．ここで c_j は定数を表す．

各 L_α を $\mathcal{F}$ の**葉**(leaf)という． □

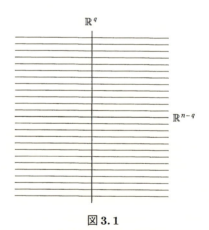

図3.1

例3.2 任意の n 次元 C^∞ 多様体 M 上には，二つの自明な葉層構造が定義される．一つは M の各点を葉とする余次元 n の葉層構造であり，もう一つは M 自身を葉とする余次元 0 の葉層構造である．一般に $\pi : E \to M$ を C^∞

級のファイバーバンドルとするとき,各ファイバーを葉とするような葉層構造が E 上に定まる.この葉層構造の余次元は底空間 M の次元に一致する. □

例 3.3 簡単な例として 2 次元トーラス T^2 上の線形葉層構造(linear foliation)を定義しよう. $T^2 = \mathbb{R}^2/\mathbb{Z}^2$ とし,$c \in \mathbb{R} \cup \{\infty\}$ を定数とする.$\mathbb{R}^2$ の原点を通る勾配 c の直線を平行移動したもの全体は,$\mathbb{R}^2$ の余次元 1 の葉層構造を定める.この葉層構造は明らかに平行移動により不変であるから,商空間 T^2 上の葉層構造 $\mathcal{F}_c$ を誘導する.$c \in \mathbb{Q} \cup \{\infty\}$ ならば $\mathcal{F}_c$ のすべての葉は S^1 と微分同相となる.一方,$c \notin \mathbb{Q} \cup \{\infty\}$ ならば $\mathcal{F}_c$ のすべての葉は $\mathbb{R}$ と微分同相となり,しかも T^2 の中で稠密(dense)となる.このように $\mathcal{F}_c$ は局所的にはすべて同じように見えるが,大局的には c の値によって全く異なる構造を持つのである. □

例 3.4 図 3.2 の(i)のような $\mathbb{R} \times I$ 上の余次元 1 の葉層構造を $\mathbb{R} \times \{\frac{1}{2}\}$ を軸として一回転すれば,(ii)のような $\mathbb{R} \times D^2$ 上の葉層構造が得られる.この葉層構造は,$\mathbb{R}$ 方向の長さ 1 の平行移動で不変となるので,それによる商をとれば,(iii)に図示するような $S^1 \times D^2$ 上の葉層構造が得られる.これを Reeb 成分という.二つの Reeb 成分を,よく知られた 3 次元球面の分解 $S^3 = S^1 \times D^2 \cup D^2 \times S^1$ に対応してはり合わせて得られる S^3 の葉層構造を **Reeb 葉層**(Reeb foliation)という. □

例 3.5 葉層構造の重要な例として,§2.1(b)で定義した平坦バンドルがある.G を Lie 群とし $\pi : P \to M$ を平坦 G バンドルとする.このとき P の中の極大積分多様体の全体のなす集合 $\mathcal{F}$ は明らかに葉層構造を定義し,その余次元は G の次元に一致する.同様に $\pi : E \to B$ を§2.4で定義した平坦 F バンドルとすれば,極大積分多様体を葉とする葉層構造が全空間に定義される.そこでこのようなバンドルを **葉層 F バンドル**(foliated F-bundle)と呼ぶ場合もある. □

$\mathcal{F}$ を M 上の余次元 q の葉層構造とする.$\mathcal{F}$ の葉に接する接ベクトルの全体

$$\tau(\mathcal{F}) = \{X \in TM; X \text{ はある葉に接する}\}$$

は,M の接バンドル TM の部分バンドルとなる.これを $\mathcal{F}$ の **接バンドル**

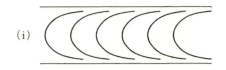

(i)

(ii)

(iii)

図 3.2　葉層構造

(tangent bundle) という. また，商バンドル
$$\nu(\mathcal{F}) = TM/\tau(\mathcal{F})$$
を $\mathcal{F}$ の法バンドル (normal bundle) という. $\tau(\mathcal{F})$ は明らかに TM の包合的な (involutive) 部分バンドルとなる. すなわち, $\tau(\mathcal{F})$ の切断の全体を $\Gamma(\tau(\mathcal{F}))$ とするとき
$$[\Gamma(\tau(\mathcal{F})), \Gamma(\tau(\mathcal{F}))] \subset \Gamma(\tau(\mathcal{F}))$$
となる. 逆に, §2.1(c) の Frobenius の定理 2.6 により TM の包合的な部分バンドル τ はある葉層構造の接バンドルとなる. なぜならば, そのような部分バンドルは完全積分可能となるが, このとき極大積分多様体を葉とすれば葉層構造となることが簡単にわかるからである.

つぎに葉層構造を微分形式の言葉で記述してみよう. $\tau \subset TM$ を部分バン

ドルとし，$\nu = TM/\tau$ とおく．ν の双対を ν^* と記せば，それは M の余接バンドル T^*M の部分バンドルとなるが，具体的には

$$T^*M \supset \nu^* = \{\omega \in T^*M;\ 任意の X \in \tau に対し \omega(X) = 0\}$$

と書くことができる．このとき§2.1(c)ですでに述べたように，Frobeniusの定理のもう一つの定式化はつぎのようになる．すなわち，τ が完全積分可能となるための必要十分条件は，ν^* の切断全体 $\Gamma(\nu^*)$ が生成する M の de Rham 複体 $A^*(M)$ のイデアル $I(\tau)$ が微分イデアルとなることである．局所的にこの条件を述べれば，$\omega^1, \cdots, \omega^q$ を M の座標近傍 U 上の各点で一次独立な $\Gamma(\nu^*)$ に属する 1 形式とすれば，ある 1 形式 ω^i_j が存在して

$$(3.1) \qquad d\omega^i = \sum_{j=1}^{q} \omega^i_j \wedge \omega^j$$

となる．この条件を**積分可能条件**(integrability condition)という．

$\mathcal{F}$ を M 上の余次元 q の葉層構造とする．C^∞ 写像 $f: N \to M$ は任意の点 $p \in N$ に対して微分 $\pi \circ f_*: T_pN \to T_{f(p)}M \to \nu_{f(p)}(\mathcal{F})$ が全射となるとき，$\mathcal{F}$ に横断的という．このとき

$$\xi = \{X \in TN;\ f_*(X) \in \tau(\mathcal{F})\}$$

とおけば，これは TN の余次元 q の部分バンドルとなるが先ほどの積分可能条件をみたすことが簡単にわかる．対応する N 上の葉層構造を $f^*(\mathcal{F})$ と書き，これを f により誘導された葉層構造という．$f^*(\mathcal{F})$ の葉は $\mathcal{F}$ の葉の f による逆像の連結成分の形をしている．とくに任意の沈め込み $f: N \to M$ は，$f^{-1}(p)$ $(p \in M)$ の連結成分を葉とする N 上の葉層構造を定める．

以上，葉層構造について，つぎの節以降で必要となる最小限の事柄を述べた．葉層構造一般についてより詳しくはたとえば[60]を参照してほしい．

§3.2 Godbillon–Vey 類

(a) Godbillon–Vey 類の定義

C^∞ 多様体 M の上に葉層構造 $\mathcal{F}$ が与えられているとき，簡単に $(M, \mathcal{F})$ と書くことにする．

定義 3.6 余次元 q の**葉層構造の特性類**(characteristic classes of foliations)とは,任意の余次元 q の葉層構造 $(M, \mathcal{F})$ に対してあるコホモロジー類
$$\alpha(\mathcal{F}) \in H^*(M; \mathbb{R})$$
を対応させ,それがつぎの意味で自然であるものをいう.すなわち,$\mathcal{F}$ に横断的な任意の C^∞ 写像 $f: N \to M$ に対し
$$\alpha(f^*(\mathcal{F})) = f^*(\alpha(\mathcal{F})) \in H^*(N; \mathbb{R})$$
となっている. □

特性類の係数としては $\mathbb{R}$ 以外のものも考えられるが,実係数の場合が最も重要である.一番初めに発見された葉層構造の特性類は[24]において与えられたもので,今では Godbillon–Vey 類と呼ばれている.$\mathcal{F}$ を M 上の余次元 1 の葉層構造とし,簡単のため法バンドル $\nu(\mathcal{F})$ は自明と仮定する.このとき適当な 1 形式 $\omega \in \Gamma(\nu^*(\mathcal{F}))$ で M 上の各点で消えないものが存在する.このとき,積分可能条件(3.1)からある 1 形式 η が存在して

(3.2) $$d\omega = \eta \wedge \omega$$

となる.

補題 3.7 M 上の 3 形式 $\Omega = \eta \wedge d\eta$ は閉形式であり,その de Rham コホモロジー類 $[\Omega] \in H^3(M; \mathbb{R})$ は ω, η の選び方によらず $\mathcal{F}$ のみによって定まる.

[証明] まず Ω が閉形式であることを示す.上記の式(3.2)を外微分して $\eta \wedge d\omega = 0$ であることを使えば,$d\eta \wedge \omega = 0$ となる.したがって,ある 1 形式 ξ が存在して $d\eta = \xi \wedge \omega$ となる.このとき
$$d\Omega = d\eta \wedge d\eta = 0$$
となるから確かに Ω は閉形式である.

つぎに $d\omega = \eta' \wedge \omega$ とすれば,$(\eta' - \eta) \wedge \omega = 0$ からある関数 f が存在して $\eta' - \eta = f\omega$ と書ける.したがって
$$\begin{aligned}\Omega' &= \eta' \wedge d\eta' = (\eta + f\omega) \wedge (d\eta + df \wedge \omega + f d\omega) \\ &= \eta \wedge d\eta + \eta \wedge df \wedge \omega \\ &= \Omega - d(f d\omega)\end{aligned}$$
から $[\Omega'] = [\Omega]$ が得られる.ω' を $\mathcal{F}$ を定義する別の 1 形式とすれば,$\omega' = g\omega$

となるような M 上で 0 にならない関数 g が存在する．このとき
$$d\omega' = dg \wedge \omega + g d\omega$$
$$= \left(\frac{dg}{g} + \eta\right) \wedge \omega'$$
から $\eta' = \dfrac{dg}{g} + \eta$ とおけることがわかる．そして
$$\Omega' = \eta' \wedge d\eta' = \left(\frac{dg}{g} + \eta\right) \wedge d\eta$$
$$= \Omega - d\left(\frac{dg}{g} \wedge \eta\right)$$
から $[\Omega'] = [\Omega]$ が得られ，証明が終わる． ∎

定義 3.8 上記のようにして得られるコホモロジー類 $[\Omega] \in H^3(M;\mathbb{R})$ を $\mathrm{gv}(\mathcal{F})$ と書き，Godbillon–Vey 類(Godbillon-Vey class)と呼ぶ． □

もし $\nu(\mathcal{F})$ が自明でない場合でも，上記の定義で ω を $-\omega$ に替えても Ω は不変であることから Godbillon–Vey 類は定義されることがわかる．$f:N\to M$ を $\mathcal{F}$ に横断的な写像とする．ω を $\mathcal{F}$ を定義する 1 形式とすれば，$f^*(\mathcal{F})$ を定義する 1 形式として明らかに $f^*\omega$ がとれる．このことから Godbillon–Vey 類が確かに葉層構造の特性類となることがわかる．

例 3.9（Roussarie） M として 3 次元の Lie 群
$$PSL(2,\mathbb{R}) = \left\{\begin{pmatrix} a & b \\ c & d \end{pmatrix}; a,b,c,d \in \mathbb{R},\ ad-bc=1\right\}\Big/\{\pm 1\}$$
を考える．対応する Lie 代数 $\mathfrak{sl}(2,\mathbb{R})$ の基底として
$$X_0 = \begin{pmatrix} 1 & 0 \\ 0 & -1 \end{pmatrix}, \quad X_1 = \begin{pmatrix} 0 & 1 \\ 0 & 0 \end{pmatrix}, \quad X_2 = \begin{pmatrix} 0 & 0 \\ 1 & 0 \end{pmatrix}$$
をとる．このとき，$[X_1,X_2]=X_0$, $[X_0,X_1]=2X_1$, $[X_0,X_2]=-2X_2$ となる．したがって X_i を M 上の左不変なベクトル場と考えれば X_0, X_1 の張る 2 次元の部分バンドル $\tau \subset TM$ は完全積分可能となり，M 上の余次元 1 の葉層構造 $\mathcal{F}$ を定義する．$\mathcal{F}$ の Godbillon–Vey 類を計算するため，X_i の双対基底

を ω_i としそれらを M 上の左不変な1形式と思う．$\mathcal{F}$ を定義する1形式として ω_2 がとれ，$d\omega_2 = -2\omega_0 \wedge \omega_2$ となる．したがって $\Omega = -2\omega_0 \wedge d(-2\omega_0) = 4\omega_0 \wedge \omega_1 \wedge \omega_2$ となるが，これは M の体積要素に他ならない．ところが M は $S^1 \times \mathbb{R}^2$ と微分同相であるから，$H^3(M; \mathbb{R}) = 0$ となり Godbillon–Vey 類は消えてしまう．しかしすぐ下に記すように，ねじれ元のない離散部分群 $\Gamma \subset M$ で商 $\Gamma \backslash M$ が3次元の閉多様体となるものが豊富に存在することが知られている．$\mathcal{F}$ は明らかに左不変であるから $\Gamma \backslash M$ 上の余次元1葉層構造 $\Gamma \backslash \mathcal{F}$ が得られる．このとき $\Gamma \backslash \Omega$ は閉多様体上の体積要素であるからその de Rham コホモロジー類は0ではない．こうして $\mathrm{gv}(\Gamma \backslash \mathcal{F}) \neq 0 \in H^3(\Gamma \backslash M; \mathbb{R}) \cong \mathbb{R}$ となり，Godbillon–Vey 類が自明でない葉層の例が得られた．　□

上の例についてもう少し付け加えておこう．$PSL(2, \mathbb{R})$ は上半平面
$$\mathbb{H} = \{z = x + iy \in \mathbb{C}; \ y > 0\}$$
上に，Poincaré 計量に関する向きを保つ等長変換群として作用する．一方，Σ を負の定曲率計量をもつ種数2以上の任意の閉曲面とすれば，Σ の普遍被覆多様体は $\mathbb{H}$ と等長となる．したがって準同型写像 $\rho: \pi_1(\Sigma) \to PSL(2, \mathbb{R})$ が共役を除いて定義される．上記の例で使った Γ としては，このような任意の Σ について $\mathrm{Im}\,\rho$ をとればよい．このとき $\Gamma \backslash M$ は Σ の単位接バンドル (unit tangent bundle) $T_1\Sigma = \{X \in T\Sigma;\ \|X\| = 1\}$ となり，その上の葉層構造 $\Gamma \backslash \mathcal{F}$ は **Anosov 葉層構造**(Anosov foliation)と呼ばれる力学系の理論で重要なものとなる．

(b) Godbillon–Vey 類の連続変化

向き付けられた3次元閉多様体 M 上に余次元1の葉層構造 $\mathcal{F}$ が与えられているとき，その Godbillon–Vey 類の M の基本類の上での値 $\mathrm{gv}(\mathcal{F})[M]$ を **Godbillon–Vey 数**(Godbillon-Vey number)という．Thurston は論文[61] において，上記の例3.9を深く解析することによりつぎの定理を証明した．

定理3.10(Thurston [61])　S^3 上の余次元1の葉層構造の族 $\mathcal{F}_t$ ($t \in \mathbb{R}$) でその Godbillon–Vey 数が t となるものが存在する．　□

これにより Godbillon–Vey 類が本質的に $\mathbb{R}$ 係数のコホモロジー類である

§3.2 Godbillon–Vey 類 —— 99

ことが決定的な形で示された.ここではそのアイディアを簡単に説明することにする.

前項の $PSL(2,\mathbb{R})$ 上の葉層構造はより幾何学的にはつぎのように記述される.前述のように $PSL(2,\mathbb{R})$ は上半平面 $\mathbb{H}$ に等長変換群として作用する.したがってそれはまた $\mathbb{H}$ の単位接バンドル $T_1\mathbb{H}=\{v\in T\mathbb{H};\ \|v\|=1\}$ にも作用する.点 $i\in\mathbb{H}$ における長さ 1 の接ベクトル $v_0\in T_1\mathbb{H}$ を一つ固定すれば,対応 $PSL(2,\mathbb{R})\ni A\mapsto f(A)=Av_0\in T_1\mathbb{H}$ は全単射となり,可換図式

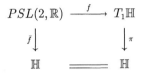

が得られる.ここで $\bar{f}(A)=Ai\in\mathbb{H}$ である.これより写像 $\bar{f}:PSL(2,\mathbb{R})\to\mathbb{H}$ は,$\mathbb{H}$ 上の主 $SO(2)$ バンドルとしての単位接バンドル $\pi:T_1\mathbb{H}\to\mathbb{H}$ と同一視できることがわかった.この同一視のもとで例 3.9 の $PSL(2,\mathbb{R})$ 上の葉層構造は,$T_1\mathbb{H}$ 上ではつぎのように幾何学的に記述することができる.$v_0\in T_1\mathbb{H}$ を任意の点とし $\pi(v_0)=z_0\in\mathbb{H}$ とする.よく知られているように z_0 を通る $\mathbb{H}$ の測地線は,その点を通り実軸と直交する円(または直線)と $\mathbb{H}$ との共通部分である.したがって $v_0\in T_1\mathbb{H}$ に接する測地線が一つだけ定まる.それを g_0 とし,その閉包 $\bar{g}_0$ と $\mathbb{R}\cup\{\infty\}$ との交点を x_0,x_∞ とする.ただし x_0 から x_∞ へ向かう方向と v_0 の方向とが一致しているように取るものとする.このとき v_0 を通る葉 L_{v_0} は

$L_{v_0}=x_0$ を始点とするすべての測地線上の正の向きの単位接ベクトル全体

となる(図 3.3 参照).

$v\in T_1\mathbb{H},\ \pi(v)=z\in\mathbb{H}$ に対し,z から実軸に降ろした垂線から v まで反時計回りに測った角度を θ とする(図 3.3 参照).θ は $T_1\mathbb{H}$ 全体で定義され,対応 $T_1\mathbb{H}\ni v\mapsto(\pi(v),\theta(v))\in\mathbb{H}\times\mathbb{R}/2\pi\mathbb{Z}$ は微分同相となる.$\mathbb{H}$ 上の正規直交接枠として $-y\dfrac{\partial}{\partial y},\ y\dfrac{\partial}{\partial x}$ をとれば,対応する双対 1 形式は $\xi_1=-\dfrac{1}{y}dy,\ \xi_2=\dfrac{1}{y}dx$ となる.したがって $T_1\mathbb{H}$ 上の標準 1 形式(§3.3(a)参照)は

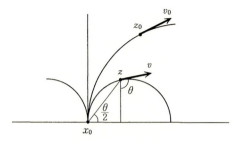

図 3.3 v を通る葉 L_v

$$\omega_1 = \cos\theta\,\xi_1 + \sin\theta\,\xi_2 = \frac{1}{y}(\sin\theta\,dx - \cos\theta\,dy)$$

$$\omega_2 = -\sin\theta\,\xi_1 + \cos\theta\,\xi_2 = \frac{1}{y}(\cos\theta\,dx + \sin\theta\,dy)$$

で与えられる．このとき Riemann 接続形式を ω_0 とすれば，第一構造方程式

$$d\omega_1 = \omega_0 \wedge \omega_2, \quad d\omega_2 = -\omega_0 \wedge \omega_1$$

から

$$\omega_0 = d\theta + \frac{1}{y}dx$$

となることがわかる．このとき $d\omega_0 = \omega_1 \wedge \omega_2 = \dfrac{1}{y^2}dx \wedge dy$ となるから，曲率を K とすれば第二構造方程式

$$d\omega_0 = -K\omega_1 \wedge \omega_2$$

から $K \equiv -1$ が得られる．こうして $\mathbb{H}$ が確かに -1 の負の定曲率を持つことが確認された．

 もとに戻って $v \in L_{v_0}$ とすれば，点 x_0 と z とを結ぶ直線と実軸の正の方向とのなす角度は $\dfrac{\theta}{2}$ となる．したがって L_{v_0} は方程式

(3.3) $$\tan\frac{\theta}{2} = \frac{y}{x-x_0}$$

により表されることになる．式(3.3)の微分をとり整理すれば

$$d\theta = \frac{\sin\theta}{y}dy - \frac{1-\cos\theta}{y}dx$$

となる．したがって今考えている $T_1\mathbb{H}$ 上の葉層構造を定義する 1 形式として

$$\omega = d\theta - \frac{\sin\theta}{y}\,dy + \frac{1-\cos\theta}{y}\,dx = \omega_0 - \omega_2$$

が取れることになる.
$$d\omega = \omega_1 \wedge \omega_2 + \omega_0 \wedge \omega_1 = -\omega_1 \wedge \omega$$
であるから,$\eta = -\omega_1$ とおけば $d\omega = \eta \wedge \omega$ となる.したがって Godbillon–Vey 形式は
$$\Omega = \eta \wedge d\eta = \omega_1 \wedge \omega_0 \wedge \omega_2$$
$$= -\frac{1}{y^2}\,d\theta \wedge dx \wedge dy$$

で与えられることになる.以上の計算で得られた結果は $PSL(2,\mathbb{R})$ の左からの作用に関して不変である.したがって負の定曲率計量を持つ曲面 Σ_g の単位接バンドル $T_1\Sigma_g$ 上の Anosov 葉層構造 $\mathcal{F}$ の Godbillon–Vey 数の計算に使うことができる.$\frac{1}{y^2}dx \wedge dy$ が $\mathbb{H}$ の体積要素であることから

$$\mathrm{gv}(\mathcal{F})[T_1\Sigma_g] = \int_{T_1\Sigma_g} \Omega = -\int_{T_1\Sigma_g} \frac{1}{y^2}\,d\theta \wedge dx \wedge dy$$
$$= -2\pi\,\mathrm{vol}(\Sigma_g) = 4\pi^2(2-2g)$$

となる.ここで vol は体積(ここでは面積)を表し,また Gauss–Bonnet の定理から $\mathrm{vol}(\Sigma_g) = 2\pi(2g-2)$ であることを使った.

こうして Godbillon–Vey 数の非自明性が定量的にわかったのであるが,その値は離散的になってしまう.それが連続的に動くことを示すために,Thurston はつぎのようなことを考えた.上半平面 $\mathbb{H}$ の替わりにそれと等長な単位円板 $\mathbb{D} = \{z \in \mathbb{C};\ |z| < 1\}$ を考え,その中に図 3.4 のような四つの測地線を辺とする双曲的な"正方形" $ABCD$ を取りそれを K_r と書く.ここで $0 < r < 1$ は適当なパラメーターで $r \to 1$ のとき四つの頂点は $\mathbb{D}$ の境界に近づくものとする.K_r の四つの等しい頂角を $\alpha(r)$ とする.$\lim_{r \to 1} \alpha(r) = 0$ である.さて $\mathbb{D}$ の向きを保つ等長変換(=双正則変換)全体の作る群を $\mathrm{Isom}_+\mathbb{D}$ とする.したがって $\mathrm{Isom}_+\mathbb{D} \cong \mathrm{Isom}_+\mathbb{H} = PSL(2,\mathbb{R})$ となる.辺 AD を辺 BC に移す元を $f_r \in \mathrm{Isom}_+\mathbb{D}$,辺 AB を辺 DC に移す元を $g_r \in \mathrm{Isom}_+\mathbb{D}$ とする.このとき,合成写像

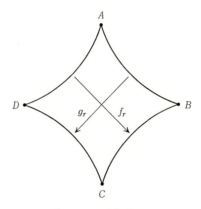

図 3.4 "正方形" K_r

$$A \xrightarrow{f_r} B \xrightarrow{g_r} C \xrightarrow{f_r^{-1}} D \xrightarrow{g_r^{-1}} A$$

は点 A を固定点とする角度 $4\alpha(r)$ の回転であることがわかる. そこで十分小さな $\varepsilon > 0$ に対して, K_r からその四つの頂点の ε 近傍を除いた部分を $K_r(\varepsilon)$ とする. $K_r(\varepsilon)$ の四つの辺を f_r, g_r ではり合わせればトーラスから円板を除いた図形 T_0 が得られる. 一方, $\mathbb{D}$ の単位接バンドル $\pi : T_1\mathbb{D} \to \mathbb{D}$ は $T_1\mathbb{H}$ と等長であるから Anosov 葉層構造が定義されている. それを $\pi^{-1}(K_r(\varepsilon))$ に制限したものを考える. この葉層構造は $\mathrm{Isom}_+\mathbb{D}$ の作用で不変であるから $\pi^{-1}(K_r(\varepsilon))$ の境界を f_r, g_r ではり合わせれば, $T_0 \times S^1$ 上の余次元 1 葉層構造が得られる. これを $\mathcal{F}_r$ と記そう. $T_0 \times S^1$ の境界はトーラス T^2 であるが, $\mathcal{F}_r$ のそこへの制限は T^2 上の角度 $4\alpha(r)$ に対応する線形葉層構造(例 3.3 参照)となっている.

さて S^1 方向の n 重被覆

$$T_0 \times S^1 \ni (z, w) \longmapsto (z, w^n) \in T_0 \times S^1$$

による $\mathcal{F}_r$ の引き戻しを $\mathcal{F}_r^{(n)}$ とする. このとき $\mathcal{F}_r^{(n)}$ の境界 $\partial T_0 \times S^1 = T^2$ への制限は, 角度 $\dfrac{1}{n} 4\alpha(r)$ の線形葉層となる. $\alpha(r)$ は r に関する単調減少関数で $\lim_{r \to 1} \alpha(r) = 0$ である. したがって $1 > r' > r$ となるような r' が存在して

$$\alpha(r') = \frac{1}{n}\alpha(r)$$

となる．このとき $T_0 \times S^1$ 上の二つの葉層構造 $\mathcal{F}_{r'}, \mathcal{F}_r^{(n)}$ の境界 T^2 への制限は，同じ角度の線形葉層となる．したがってそれらを境界に沿ってはり合わせることができる．二つの T_0 を境界ではり合わせれば，種数 2 の閉曲面 Σ_2 となる．こうして $\Sigma_2 \times S^1$ 上の葉層構造 $\mathcal{F}(r,n)$ が得られた．このとき対応する Godbillon–Vey 数は

$$\begin{aligned}\operatorname{gv}(\mathcal{F}(r,n))[\Sigma_2 \times S^1] &= -2\pi(\operatorname{vol}(K_{r'}) - n\operatorname{vol}(K_r))\\ &= -2\pi\{(2\pi - 4\alpha(r')) - n(2\pi - 4\alpha(r))\}\\ &= 4\pi^2(n-1) - 8\pi(n^2-1)\alpha(r')\end{aligned}$$

となることが期待される．もしこれが正しければ，r, n を適当に選ぶことにより Godbillon–Vey 数は連続的に動くことになる．実際には $T_0 \times S^1$ の境界で二つの葉層構造をはり合わせるときに，上記の Godbillon–Vey 数の計算に使った葉層を定める 1 形式 ω は滑らかにつながらない．しかしこの不都合はつぎのようにして解消することができる．まず $\mathcal{F}(r,n)$ は ε の取り方によっているので，それを $\mathcal{F}_\varepsilon(r,n)$ と書くことにする．しかし実際にははり合わせた箇所が T^2 上の線形葉層であることから，$\mathcal{F}_\varepsilon(r,n)$ の葉層構造も込めた微分同相類は ε にはよらないことがわかる．つぎにある $\varepsilon_0 > 0$ が存在して，任意の $\varepsilon \in (0, \varepsilon_0)$ に対して $T_0 \times S^1$ 上の $\mathcal{F}_r$ を定める 1 形式 ω_r^ε でつぎの条件をみたすものを取ることができることがわかる．

(i) $T_0 \times S^1$ の境界の近くで $\omega_r^\varepsilon = \bar{\omega}_r$
(ii) $T_0 \times S^1$ の境界から離れたところでは $\omega_r^\varepsilon = \omega$
(iii) $d\omega_r^\varepsilon = \eta_r^\varepsilon \wedge \omega_r^\varepsilon$
(iv) $T_0 \times S^1$ の境界の近くで $\eta_r^\varepsilon = 0$
(v) $T_0 \times S^1$ の境界から離れたところでは $\eta_r^\varepsilon = -\omega_1$
(vi) $\displaystyle\lim_{\varepsilon \to 0} \int_{T_0 \times S^1} \eta_r^\varepsilon \wedge d\eta_r^\varepsilon = \int_{K_r} \omega_1 \wedge d\omega_1 = -2\pi \operatorname{vol}(K_r)$

ただし(i)の $\bar{\omega}_r$ は $T_0 \times S^1$ の境界の近くの線形葉層を定める閉じた 1 形式である．以上のことから結局

$$\operatorname{gv}(\mathcal{F}(r,n))[\Sigma_2 \times S^1] = \int_{T_0 \times S^1} \eta_{r'}^\varepsilon \wedge d\eta_{r'}^\varepsilon - n \int_{T_0 \times S^1} \eta_r^\varepsilon \wedge d\eta_r^\varepsilon$$

$$= \lim_{\varepsilon \to 0} \Bigl(\int_{T_0 \times S^1} \eta_{r'}^{\varepsilon} \wedge d\eta_{r'}^{\varepsilon} - n \int_{T_0 \times S^1} \eta_r^{\varepsilon} \wedge d\eta_r^{\varepsilon} \Bigr)$$

$$= -2\pi \operatorname{vol}(K_{r'}) - n(-2\pi \operatorname{vol}(K_r))$$

となり，上記の計算が正しいことが証明された．まとめるとつぎの定理となる．

定理 3.11（Thurston） 任意の $t \in \mathbb{R}$ に対し，$\Sigma_2 \times S^1$ 上の余次元 1 の葉層構造 $\mathcal{F}_t$ が存在して，$\operatorname{gv}(\mathcal{F}_t)[\Sigma_2 \times S^1] = t$ となる． □

§3.3 高次の接枠バンドル上の標準形式

(a) 標準形式と接続

ここでは n 次元 C^∞ 多様体 N の接枠バンドル $\pi : P(N) \to N$ についてよく知られた事実を復習しておく．まず，接枠バンドルの全空間 $P(N)$ 上には，**標準形式**（canonical form）あるいは標準 1 形式（canonical 1-form）と呼ばれる $\mathbb{R}^n$ に値をとる 1 形式 $\theta \in A^1(P(N); \mathbb{R}^n)$ がつぎのようにして定義される．各点 $u \in P(N)$ は $\pi(u) = p \in N$ とするとき，線形同型 $\varphi_u : \mathbb{R}^n \cong T_p N$ を定める．そこで

$$T_u P(N) \ni X \longmapsto \theta(X) = \varphi_u^{-1}(\pi_*(X)) \in \mathbb{R}^n$$

とおくのである．あるいは，より具体的に点 u の定める $T_p N$ の順序付けられた基底を $v_1, \cdots, v_n$ とすれば，$\mathbb{R}^n$ の標準的な基底に関する成分表示 $\theta = (\theta^1, \cdots, \theta^n)$ は

$$T_u P(N) \ni X \longmapsto \pi_*(X) = \theta^1(X) v_1 + \cdots + \theta^n(X) v_n$$

により与えられる．標準 1 形式はつぎの命題の意味で微分同相に関し不変な 1 形式である．証明は容易なので省略する．

命題 3.12 $f : M \to N$ を微分同相写像とし，$\tilde{f} : P(M) \to P(N)$ を f が誘導する微分同相とする．このとき，M, N の標準形式をそれぞれ θ_M, θ_N とすれば $\tilde{f}^* \theta_N = \theta_M$ となる． □

さて $P(N)$ 上に（アフィン）接続 $\omega \in A^1(P(N); \mathfrak{gl}(n;\mathbb{R}))$ が与えられたとしよう．$\Omega \in A^2(P(N); \mathfrak{gl}(n;\mathbb{R}))$ を対応する曲率形式とすれば，つぎの第二構

造方程式

(3.4) $$d\omega = -\frac{1}{2}[\omega,\omega]+\Omega$$

が成立する．それでは $d\theta$ はどう書けるだろうか．各点 $u \in P(N)$ における接ベクトル $X, Y \in T_u P(N)$ に対し，X_h, Y_h をそれぞれの水平成分とすれば $\Omega(X_h, Y_h) = d\omega(X_h, Y_h)$ であった．そこで $\Theta \in A^2(P(N); \mathbb{R}^n)$ を

$$\Theta(X, Y) = d\theta(X_h, Y_h)$$

とおくことにより定義し，これを**ねじれ率形式**(torsion form)と呼ぶ．このとき，つぎの第一構造方程式

(3.5) $$d\theta = -\frac{1}{2}[\omega, \theta] + \Theta$$

が成立する．$\mathbb{R}^n$, $\mathfrak{gl}(n; \mathbb{R})$ の標準的な基底に関する $\theta, \Theta, \omega, \Omega$ の成分をそれぞれ $\theta^i, \Theta^i, \omega^i_j, \Omega^i_j$ とすれば，上記の二つの構造方程式(3.4), (3.5)は

$$d\omega^i_j = -\sum_{k=1}^n \omega^i_k \wedge \omega^k_j + \Omega^i_j$$

$$d\theta^i = -\sum_{j=1}^n \omega^i_j \wedge \theta^j + \Theta^i$$

となる．$\Theta = 0$ となる接続 ω を**ねじれのない**(torsion free)接続という．接続 ω を入れると，N の i 次 Pontrjagin 類 $[p_i(N)] \in H^{4i}(N; \mathbb{R})$ を表す閉形式 $p_i(\Omega)$ が定まるのであった．この微分形式はもちろん接続の取り方によるのであるが，もっと自然に定めることはできないのだろうか，という疑問が出てくる．これに対する解答を与える準備として，つぎの項で Ehresmann によるジェットバンドルという概念を導入する．

(b) 高次の接枠バンドル

n 次元 C^∞ 多様体 N の接枠バンドル $P(N)$ は，N の各点における接空間の枠(frame)を集めたものである．そして枠はその点における局所座標の一次近似によって与えられるのであった．**高次の接枠バンドル**(tangent frame bundles of higher orders)とはもっと高次の近似を考えることにより得られ

る概念である.

定義 3.13 $\mathbb{R}^n$ の点 x の近くで定義された C^∞ 写像 $f: U \to \mathbb{R}^n$ の点 x における k ジェット $j_x^k(f)$ とは,そのような写像のつくる集合をつぎの同値関係で割った商集合の元のことである.ただし二つの写像 f, g はつぎの条件をみたすとき同値である ($f \sim^k g$ と書く) と定義する.まず $k=0$ のときは $f(x)=g(x)$ の場合とし,$k \geq 1$ の場合には任意の多重指数 $\alpha = (\alpha_1, \cdots, \alpha_n)$ で $|\alpha| = \alpha_1 + \cdots + \alpha_n \leq k$ となるものに対し

$$f \sim^k g \iff \left. \frac{\partial^{|\alpha|} f}{\partial x^\alpha} \right|_x = \left. \frac{\partial^{|\alpha|} g}{\partial x^\alpha} \right|_x$$

とする.ここで $x_1, \cdots, x_n$ は $\mathbb{R}^n$ の座標を表し,$\partial x^\alpha = \partial x_1^{\alpha_1} \cdots \partial x_n^{\alpha_n}$ とする.　□

さて

$$G^k(n) = \{j_o^k(f);\ f \text{ は } \mathbb{R}^n \text{ の原点 } o \text{ を } o \text{ にうつす局所微分同相}\}$$

とおけば,これは自然な位相と写像の合成から誘導される積により Lie 群となる.明らかに $G^1(n)$ は $GL(n, \mathbb{R})$ と同一視できる.また,任意の k に対して $GL(n, \mathbb{R})$ は $\mathbb{R}^n$ の線形同型の全体として $G^k(n)$ の部分群となっている.さらに,自然な射影 $G^k(n) \to G^{k-1}(n)$ があり,これから Lie 群の系列

$$\cdots \longrightarrow G^k(n) \longrightarrow G^{k-1}(n) \longrightarrow \cdots \longrightarrow G^1(n) \longrightarrow \{\mathrm{id}\}$$

が得られる.

定義 3.14 N を n 次元 C^∞ 多様体とする.$\mathbb{R}^n$ の原点の近傍から N への局所微分同相写像 φ の原点における k ジェット $j_o^k(\varphi)$ の全体 $J^k(N)$ は C^∞ 多様体の構造をもち,自然な射影 $J^k(N) \ni j_o^k(\varphi) \mapsto \varphi(o) \in N$ は $G^k(n)$ を構造群とする主バンドルとなる.とくに $J^1(N)$ は接枠バンドル $P(N)$ に一致する.$J^k(N)$ を N の k 次の接枠バンドル (tangent frame bundle of order k) という.　□

射影 $G^k(n) \to G^{k-1}(n)$ は自然な射影 $J^k(N) \to J^{k-1}(N)$ を誘導し,主バンドルの系列

$$\cdots \longrightarrow J^k(N) \longrightarrow J^{k-1}(N) \longrightarrow \cdots \longrightarrow J^1(N) \longrightarrow N$$

が得られる.

$k \geq 2$ のとき商空間 $G^k(n)/G^{k-1}(n)$ はアフィン空間となることが簡単にわ

かる.したがって $G^k(n)$ はすべてホモトピー同値 $G^k(n) \simeq G^1(n) \simeq O(n)$ となる.同様に $J^k(N) \simeq J^1(N)$ となる.また,任意の k に対し $G^k(n)$ の極大コンパクト部分群は,$\mathbb{R}^n$ の直交変換の原点における k ジェット全体のつくる群 $O(n) \subset G^k(n)$ となる.したがって $J^k(N)/O(n) \simeq N$ となる.N が向き付けられている場合には,向きを保つ局所微分同相のみを考えることにより,向き付けられた高次の接枠バンドル $\tilde{J}^k(N) \to N$ が定義され,それは対応する位数 2 の部分群 $SG^k(n) \subset G^k(n)$ を構造群とする主バンドルとなる.また $\tilde{J}^k(N)/SO(n) \simeq N$ となる.

(c) 2 次の接枠バンドル上の標準形式

(a)項で与えた接枠バンドル $P(N) = J^1(N)$ 上の標準形式の定義は,高次の接枠バンドルに対して小林[42]により一般化された.まずこの項では 2 次の接枠バンドル $\pi: J^2(N) \to N$ について,[43]に従って簡単にまとめてみる.

各点 $u \in J^2(N)$ は $\pi(u) = p \in N$ とするとき $\mathbb{R}^n$ の原点 o の近傍 U で定義された局所微分同相 $\varphi_u: U \to N$ で,$\varphi_u(o) = p$ となるものの 2 ジェット $j_o^2(\varphi_u)$ により表される.φ_u は自然な線形同型 $J^1(\varphi_u): T_{\mathrm{id}} J^1(\mathbb{R}^n) \cong T_{p(u)} J^1(N)$ を誘導する.ここで $p: J^2(N) \to J^1(N)$ は自然な射影であり,id は恒等写像のジェットを表す.そこで,$T_{\mathrm{id}} J^1(\mathbb{R}^n)$ に値をとる 1 形式 $\theta \in A^1(J^2(N); T_{\mathrm{id}} J^1(\mathbb{R}^n))$ を

$$T_u J^2(N) \ni X \longmapsto \theta(X) = J^1(\varphi_u)^{-1}(p_*(X)) \in T_{\mathrm{id}} J^1(\mathbb{R}^n)$$

により定義する.こうして得られた $J^2(N)$ 上の 1 形式 θ を 2 次の標準形式 (canonical form of second order) という.つぎの命題が示すように,この 1 形式も (a) 項の標準形式と同じように微分同相写像によって不変である.証明は簡単なので読者に委ねることにする.

命題 3.15 $f: M \to N$ を微分同相写像とし,$J^2(f): J^2(M) \to J^2(N)$ を f の誘導する微分同相とする.このとき,θ_M, θ_N をそれぞれ M, N の 2 次の標準形式とすれば,$J^2(f)^* \theta_N = \theta_M$ となる. □

とくに θ_N は N の微分同相群 $\mathrm{Diff}\, N$ の自然な作用に関して不変な 1 形式となる.

さて $A(n)$ を $\mathbb{R}^n$ のアフィン変換の全体からなる Lie 群とする．それは平行移動全体のつくる正規部分群 $\mathbb{R}^n$ と $GL(n,\mathbb{R})$ との半直積
$$1 \longrightarrow \mathbb{R}^n \longrightarrow A(n) \longrightarrow GL(n,\mathbb{R}) \longrightarrow 1$$
の構造をもっており，具体的には，
$$A(n) = \left\{ \begin{pmatrix} A & x \\ 0 & 1 \end{pmatrix} ; \ A \in GL(n,\mathbb{R}), \ x \in \mathbb{R}^n \right\} \subset GL(n+1,\mathbb{R})$$
と記述することができる．自然な射影 $\pi : A(n) \to \mathbb{R}^n$ は $\mathbb{R}^n$ 上の主 $GL(n,\mathbb{R})$ バンドルの構造をもつことがわかる．そして，対応
$$J^1(\mathbb{R}^n) \ni j_o^1(\varphi) \longmapsto \begin{pmatrix} \left(\dfrac{\partial \varphi_i}{\partial x_j}(o)\right) & \varphi(o) \\ 0 & 1 \end{pmatrix} \in A(n)$$
は主 $GL(n,\mathbb{R})$ バンドルとしての同型となる．この対応により id は $A(n)$ の単位元に移る．したがって
$$T_{\mathrm{id}} J^1(\mathbb{R}^n) \cong \mathfrak{a}(n)$$
という同一視が得られる．ここで $\mathfrak{a}(n)$ は $A(n)$ の Lie 代数である．これにより 2 次の標準形式 θ は $\mathfrak{a}(n)$ に値をとる 1 形式と思うことができる．$\mathfrak{a}(n) = \mathbb{R}^n \oplus \mathfrak{gl}(n,\mathbb{R})$ の通常の基底 e_i, E_j^i に関する θ の成分を
$$\theta^i, \ \theta_j^i \quad (i,j=1,\cdots,n)$$
とすれば，これらは $J^2(N)$ 上の 1 形式となる．

命題 3.16 $p : J^2(N) \to J^1(N)$ を自然な射影とすれば，$p^* \theta^i = \theta^i$ となる．

[証明] $\pi_* : T_{\mathrm{id}} J^1(\mathbb{R}^2) \cong \mathfrak{a}(n) = \mathbb{R}^n \oplus \mathfrak{gl}(n,\mathbb{R}) \to T_o(\mathbb{R}^n) = \mathbb{R}^n$ が射影であることを使えばよい． ∎

$\pi : J^2(N) \to N$ は主 $G^2(n)$ バンドルであるから，$G^2(n)$ の Lie 代数を $\mathfrak{g}^2(n)$ とすれば，任意の元 $A \in \mathfrak{g}^2(n)$ に対して対応する基本ベクトル場 $A^* \in \mathfrak{X}(J^2(N))$ が定義される．また，任意の元 $g \in G^2(n)$ による $J^2(N)$ への右作用が定まるが，これを $R_g : J^2(N) \to J^2(N)$ と書くことにする．$g = j_o^2(f)$ とすれば，id $\in J^1(\mathbb{R}^n)$ の近傍 U で定義された対応
$$J^1(\mathbb{R}^n) \supset U \ni j_o^1(h) \longmapsto j_o^1(f \circ h \circ f^{-1}) \in J^1(\mathbb{R}^n)$$

は局所微分同相となる．この写像の id における微分を
$$\mathrm{Ad}(g): T_{\mathrm{id}}J^1(\mathbb{R}^n) \cong \mathfrak{a}(n) \longrightarrow T_{\mathrm{id}}J^1(\mathbb{R}^n) \cong \mathfrak{a}(n)$$
と書くことにする．

命題 3.17 2次の標準形式 $\theta \in A^1(J^2(N); \mathfrak{a}(n))$ はつぎの二つの性質をもっている．

（ⅰ）任意の元 $A \in \mathfrak{g}^2(n)$ に対して $\theta(A^*) = p(A)$ となる．ただし，$p: \mathfrak{g}^2(n) \to \mathfrak{gl}(n, \mathbb{R}) \subset \mathfrak{a}(n)$ は自然な射影とする．

（ⅱ）任意の元 $g \in G^2(n)$ に対し $R_g^* \theta = \mathrm{Ad}(g^{-1})\theta$．

［証明］標準形式の定義にしたがって計算すればよい． ∎

つぎの命題は2次の標準形式に関する構造方程式を与えるものである．

命題 3.18 $\theta = (\theta^i, \theta_j^i)$ を $J^2(N)$ 上の2次の標準形式とする．このときつぎの等式が成り立つ．
$$d\theta^i = -\sum_{j=1}^{n} \theta_j^i \wedge \theta^j.$$
∎

この命題は θ が微分同相に関し不変であること（命題 3.15）から $N = \mathbb{R}^n$ に対して証明すれば十分である．文献[43]では $J^2(\mathbb{R}^n)$ に具体的な座標を導入し，直接計算することによりこれを証明している．しかし，本書では Bott [8]に従って，上記の命題を一般化したさらに高次の標準形式に対する構造方程式((e)項の命題3.23)を証明するので，ここではひとまず命題3.18を仮定して先に進むことにする．

さて切断
$$s: J^1(N) \longrightarrow J^2(N)$$
が与えられ，それは $GL(n, \mathbb{R})$ の右作用に関して不変とする．すなわち
$$s(ug) = s(u)g \quad (u \in J^1(N),\ g \in GL(n, \mathbb{R}))$$
とする．このとき
$$\omega_s = (s^* \theta_j^i)$$
とおけば，これは $J^1(N)$ 上の $\mathfrak{gl}(n, \mathbb{R})$ に値をもつ1形式となる．さらに命題 3.17 から，それはつぎの三つの性質

（ⅰ）任意の $A \in \mathfrak{gl}(n, \mathbb{R})$ に対して $\omega_s(A^*) = A$

(ii) 任意の $g \in GL(n, \mathbb{R})$ に対して $g^*\omega_s = \mathrm{Ad}(g^{-1})\omega_s$

(iii) $d\theta^i = -\sum_{j=1}^{n} s^*\theta^i_j \wedge \theta^j$

を持っていることがわかる．すなわち ω_s は $J^1(N)$ 上のねじれのない接続形式となる．逆に，任意のねじれのない接続形式 ω はこのようにして得られることがわかり，結局つぎの命題が成立することが知られている．

命題 3.19（小林[43]命題 7.1） 三つの集合

(i) $J^1(N)$ 上のねじれのない接続形式の全体

(ii) $p: J^2(N) \to J^1(N)$ の $GL(n, \mathbb{R})$ 同変な切断の全体

(iii) $J^2(N)/GL(n, \mathbb{R}) \to N$ の切断の全体

の間には自然な 1 対 1 対応がある． □

さて $J^1(N)$ に一つねじれのない接続 ω を定め Ω をその曲率形式としよう．たとえば，N に Riemann 計量を入れ対応する Levi-Civita 接続を考える．このとき，i 次の Pontrjagin 形式

$$p_i(\Omega)$$

が $J^1(N)$ 上の（実際には N 上の）閉形式として定まる．この微分形式はもちろん接続の取り方に依存する．しかし，$J^2(N)$ 上では実は Pontrjagin 形式が標準的に定義されることを以下に見てみよう．接続 ω の構造方程式は

$$d\omega^i_j = -\sum_{k=1}^{n} \omega^i_k \wedge \omega^k_j + \Omega^i_j$$

と書ける．一方，命題 3.19 により，ねじれのない接続 ω に対応する切断 $s: J^1(N) \to J^2(N)$ を考えれば

$$\omega^i_j = s^*\theta^i_j$$

となる．そこで $J^2(N)$ 上の $\mathfrak{gl}(n, \mathbb{R})$ に値をとる 2 形式 $R = (R^i_j)$ を，等式

(3.6) $$d\theta^i_j = -\sum_{k=1}^{n} \theta^i_k \wedge \theta^k_j + R^i_j$$

により定義する．このとき，明らかに

$$\Omega^i_j = s^*R^i_j$$

となる．式(3.6)の両辺を外微分すれば Bianchi の恒等式

$$dR^i_j = \sum_{k=1}^n (R^i_k \wedge \theta^k_j - \theta^i_k \wedge R^k_j)$$

が得られる．このことから i 次 Pontrjagin 形式

$$p_i(R)$$

が $J^2(N)$ 上の閉形式として定義され，$p_i(\Omega) = s^* p_i(R)$ となることがわかる．$p_i(R)$ は，N 上の計量あるいは $J_1(N)$ 上の接続の取り方によらず，微分同相に関して不変な微分形式である．いわば普遍的な Pontrjagin 形式ということができる．

(d) 標準形式と形式的ベクトル場

k 次の接枠バンドル $\pi : J^k(N) \to N$ を考える．点 $u \in J^k(N)$ が $\mathbb{R}^n$ の原点の近傍から N への局所微分同相写像 φ の原点における k ジェット $j^k_o(\varphi)$ で表されているとする．このとき，接ベクトル $X \in T_u J^k(N)$ は，局所微分同相の族 $\varphi_t : \mathbb{R}^n \to N$ で $\varphi_0 = \varphi$ となるもので表すことができる．$u_t = j^k_o(\varphi_t) \in J^k(N)$ が u を通る曲線となるからである．このとき $\varphi^{-1} \circ \varphi_t$ は $\mathbb{R}^n$ の原点の近傍で定義された局所微分同相となる．したがってそれは n 個の関数

$$y_i = y_i(t, x_1, \cdots, x_n) \quad (i = 1, \cdots, n)$$

により記述することができる．これを使って $\mathbb{R}^n$ の原点の近傍で定義されたベクトル場 Z_X を

$$Z_X = \frac{\partial y_1}{\partial t}\bigg|_{t=0} \frac{\partial}{\partial x_1} + \cdots + \frac{\partial y_n}{\partial t}\bigg|_{t=0} \frac{\partial}{\partial x_n}$$

により定義する．ここで

$$z_i(x_1, \cdots, x_n) = \frac{\partial y_i}{\partial t}\bigg|_{t=0}$$

とおけば

(3.7) $$Z_X = \sum_{i=1}^n z_i(x_1, \cdots, x_n) \frac{\partial}{\partial x_i}$$

となる．実際には Z_X の各係数 z_i の原点における $k-1$ ジェットだけが定義されている．そこでつぎのような定義をする．

定義 3.20　形式的べき級数 $f_i(x_1, \cdots, x_n) \in \mathbb{R}[[x_1, \cdots, x_n]]$ を係数とする形式的な和
$$Z = \sum_{i=1}^{n} f_i(x_1, \cdots, x_n) \frac{\partial}{\partial x_i}$$
を $\mathbb{R}^n$ 上の**形式的ベクトル場**(formal vector field)という．それら全体は通常のかっこ積に関して Lie 代数をなすが，これを $\mathfrak{a}_n$ と記すことにする．また，$\mathfrak{a}_n$ において各係数の k 次以上の項を無視して得られる商ベクトル空間を $\mathfrak{a}_n[k-1]$ と記す．すなわち，$\mathfrak{a}_n[k-1]$ は $\mathbb{R}^n$ 上の形式的ベクトル場の $k-1$ ジェットの全体ということができる． □

上記の定義を使えば $Z_X \in \mathfrak{a}_n[k-1]$ と書くことができる．そこで $J^k(N)$ 上の 1 形式
$$\theta^i, \quad \theta^i_{j_1 \cdots j_\ell} \; (\ell \le k-1)$$
をつぎのように定義する．任意の接ベクトル $X \in T_u J^k(N)$ に対し，上記のようにして定まる形式的ベクトル場 Z_X の表示(3.7)を使って
$$\theta^i(X) = z_i(o)$$
$$\theta^i_{j_1 \cdots j_\ell}(X) = \frac{\partial^\ell z_i}{\partial x_{j_1} \cdots \partial x_{j_\ell}}(o)$$
とおく．これらの 1 形式を $J^k(N)$ 上の**標準形式**と呼ぶ．実は自然な同型
$$T_{\mathrm{id}} J^{k-1}(\mathbb{R}^n) \cong \mathfrak{a}_n[k-1]$$
が存在し，対応
$$T_u J^k(N) \ni X \longmapsto Z_X \in \mathfrak{a}_n[k-1] \cong T_{\mathrm{id}} J^{k-1}(\mathbb{R}^n)$$
は合成写像
$$T_u J^k(N) \xrightarrow{p_*} T_{p(u)} J^{k-1}(N) \xrightarrow{j^{k-1}(u)^{-1}} T_{\mathrm{id}} J^{k-1}(\mathbb{R}^n)$$
を実現していることがわかる．

$k=2$ のとき上の定義は前項(c)の定義と同じであることを確かめよう．(c)の定義では，写像の合成
$$T_u J^2(N) \xrightarrow{p_*} T_{p(u)} J^1(N) \xrightarrow{j^1(u)^{-1}} T_{\mathrm{id}} J^1(\mathbb{R}^n) \cong \mathfrak{a}(n) = \mathbb{R}^n \oplus \mathfrak{gl}(n, \mathbb{R})$$

において，$X \in T_u J^2(N)$ の行き先が $(\theta^i(X)), \theta^i_j(X)$ であった．一方，X が原点の近傍で定義された局所微分同相の族 φ_t の 2 ジェット $j_o^2(\varphi_t)$ で表されているものとすれば，その $T_{id} J^1(\mathbb{R}^n)$ の中の像は $j_o^1(\varphi^{-1} \circ \varphi_t)$ で表される．したがって

$$\theta^i_j(X) = \frac{\partial}{\partial t}\left(\frac{\partial}{\partial x_j}(\varphi^{-1} \circ \varphi_t \text{ の } i \text{ 成分})(o)\right)\bigg|_{t=0}$$
$$= \frac{\partial}{\partial t}\left(\frac{\partial y_i}{\partial x_j}(t,o)\right)\bigg|_{t=0}$$
$$= \frac{\partial z_i}{\partial x_j}(o)$$

となる．$\theta^i(X)$ についても同様なので，確かに二つの定義は一致することがわかった．

つぎの命題の証明は容易なので読者に委ねることにする．

命題 3.21 （i） $p: J^k(N) \to J^m(N)$ $(m<k)$ を自然な射影とするとき
$$p^* \theta^i_{j_1 \cdots j_\ell} = \theta^i_{j_1 \cdots j_\ell} \quad (\ell < m)$$

（ii） 任意の $f \in \text{Diff } N$ に対して $J^k(f): J^k(N) \to J^k(N)$ を f の誘導する微分同相とするとき
$$J^k(f)^* \theta^i_{j_1 \cdots j_\ell} = \theta^i_{j_1 \cdots j_\ell} \quad (\ell < k) \qquad \square$$

（e） 標準形式の構造方程式

標準形式の構造方程式を求めるための準備をする（[8] 参照）．点 $u \in J^k(N)$ が $\mathbb{R}^n$ の原点の近くで定義された局所微分同相 φ により，$u = j_o^k(\varphi)$ と表されているものとする．このとき前にも述べたように，u における接ベクトル $X \in T_u J^k(N)$ は，局所微分同相の族 φ_t $(\varphi_0 = \varphi)$ により表される．
$$\varphi_t = \varphi \circ (\varphi^{-1} \circ \varphi_t)$$
と書けるが，$\varphi^{-1} \circ \varphi_t$ は $t=0$ で id となる局所微分同相の族である．そこで $J^k(N)$ 上のベクトル場 $\widetilde{X}$ を，$v = j_o^k(\psi) \in J^k(N)$ に対して
$$\widetilde{X}(v) = \psi \circ (\varphi^{-1} \circ \varphi_t) \text{ の定める接ベクトル} \in T_v J^k(N)$$
とおくことにより定義する．このとき，任意の v に対して $Z_{\widetilde{X}(v)} = Z_X$ となる

ことがわかる.したがって,任意の $\ell < k$ に対して
$$\theta^i_{j_1\cdots j_\ell}(\widetilde{X})$$
は $J^k(N)$ 上の定数関数となる.実際には $\widetilde{X}(v)$ は ψ の選び方によってしまい,厳密には切断 $J^k(N) \to J^{k+1}(N)$ を使った議論が必要である.しかし $p: J^k(N) \to J^{k-1}(N)$ を射影とするとき,$p_*(\widetilde{X}(v))$ は v のみによることがわかるので上の計算に支障はない.

一般に,Lie 群 G が C^∞ 多様体 M に右から作用 $M \times G \to M$ しているとする.任意の元 $A \in \mathfrak{g}$ に対して M 上のベクトル場 A^* を
$$A^*(p) = t \longmapsto p \exp tA \text{ の定める接ベクトル} \in T_pM \quad (p \in M)$$
と定義すれば,よく知られているように対応
$$\mathfrak{g} \ni A \longmapsto A^* \in \mathfrak{X}(M)$$
は Lie 代数の準同型となる(ただし,左作用の場合にはこのままでは $[A^*, B^*] = -[A,B]^*$ となってしまうので $t \mapsto \exp -tA$ の定めるベクトル場を A^* とする).今の場合,無限次元の群 $\mathrm{Diff}\,\mathbb{R}^n$ が写像の合成により $J^k(N)$ に右から(無限小変換として)作用する.
$$J^k(N) \times \mathrm{Diff}\,\mathbb{R}^n \ni (j^k_0(\varphi), f) \cdots \longrightarrow j^k_0(\varphi \circ f) \in J^k(N)$$
この作用の単位元における微分(実際にはこれだけが定義されている)はつぎのように与えられる.$X \in \mathfrak{X}(\mathbb{R}^n)$ が $f_t \in \mathrm{Diff}\,\mathbb{R}^n$ $(f_0 = \mathrm{id})$ により表されているものとする.このとき $J^k(N)$ 上のベクトル場 X^* を対応
$$J^k(N) \ni u = j^k_0(\varphi) \longmapsto X^*(u) = \varphi \circ f_t \text{ の定める接ベクトル} \in T_u J^k(N)$$
により定義する.ここで X^* は X の原点におけるジェットのみによるので $X \in \mathfrak{a}_n$ としてよい.このとき X^* は X について明らかに線形である.$\widetilde{X}$ のときと同様に,実際には $X^*(u)$ は φ の選び方によってしまうがその $J^{k-1}(N)$ への射影は X, u のみにより定まることがわかる.

補題 3.22 上記の設定において
$$[X^*, Y^*] = -[X, Y]^* \quad (X, Y \in \mathfrak{a}_n)$$
となる.

[証明] X, Y がそれぞれ $\mathbb{R}^n$ の原点の近くの局所微分同相の族 f_t, g_t で表されているとする.このとき

§3.3 高次の接枠バンドル上の標準形式 —— 115

$$[X, Y] = \lim_{t \to 0} \frac{Y - (f_t)_* Y}{t}$$

において $(f_t)_* Y$ は局所微分同相の族 $f_t \circ g_t \circ f_{-t}$ に対応している．一方

$$[X^*, Y^*](u) = \lim_{t \to 0} \frac{Y^*(u) - ((f_t)_* Y^*)(u)}{t}$$

において，$((f_t)_* Y^*)(u)$ は $\varphi \circ f_{-t} \circ g_t \circ f_t$ に対応している．f_t による共役をとる操作がちょうど逆になっていることから，補題の主張が示される． ∎

上記の補題に出てくるマイナスの符号は単に技術的な理由によるもので，本質的には対応 $X \to X^*$ が Lie 代数の準同型となることを示している．もとに戻って，$X, Y \in T_u J^k(N)$ に対し $\widetilde{X}, \widetilde{Y}$ をそれらに対応する $J^k(N)$ 上のベクトル場とする．このときこの補題から

(3.8) $$Z_{[\widetilde{X}, \widetilde{Y}]} = -[Z_X, Z_Y]$$

となることがわかる．

つぎの命題は，一般の高次の標準形式に対する構造方程式を与えるものである．

命題 3.23 $J^k(N)$ 上の k 次の標準形式を $\theta^i_{j_1 \cdots j_{k-1}}$ とするとき，$J^{k+1}(N)$ 上で等式

$$d\theta^i_{j_1 \cdots j_{k-1}} = - \sum_{S \subset \{1, \cdots, k-1\}} \left(\sum_{\ell=1}^n \theta^i_{j_{s_1} \cdots j_{s_p} \ell} \wedge \theta^\ell_{j_{t_1} \cdots j_{t_q}} \right)$$

が成立する．ここで $S = \{s_1, \cdots, s_p\}$ は $\{1, \cdots, k-1\}$ の部分集合すべてをわたるものとし，その補集合を $S^c = \{t_1, \cdots, t_q\}$ $(p+q = k-1)$ と表すものとする．とくに $k = 1, 2, 3$ に対しては

$$d\theta^i = -\sum_j \theta^i_j \wedge \theta^j$$

$$d\theta^i_j = -\sum_k \theta^i_{jk} \wedge \theta^k - \sum_k \theta^i_k \wedge \theta^k_j$$

$$d\theta^i_{jk} = -\sum_\ell \theta^i_{jk\ell} \wedge \theta^\ell - \sum_\ell \theta^i_{j\ell} \wedge \theta^\ell_k - \sum_\ell \theta^i_{k\ell} \wedge \theta^\ell_j - \sum_\ell \theta^i_\ell \wedge \theta^\ell_{jk}$$

となる．

[証明] 証明はすべての k について全く同様にできるので，ここでは $k = $

2の場合を証明する.命題3.21と射影 $p: J^\ell(N) \to J^{\ell-1}(N)$ の誘導する d.g.a. 写像 $p^*: A^*(J^{\ell-1}(N)) \to A^*(J^\ell(N))$ が単射であることから,十分大きな ℓ に対して $J^\ell(N)$ 上で等式が成り立つことを示せばよい.そこで,二つの接ベクトル $X, Y \in T_u J^\ell(N)$ に対し

$$Z_X = \sum_{i=1}^n z_i \frac{\partial}{\partial x_i}, \quad Z_Y = \sum_{i=1}^n w_i \frac{\partial}{\partial x_i}$$

とし,また $\widetilde{X}, \widetilde{Y} \in \mathfrak{X}(J^\ell(N))$ を考える.このとき式(3.8)から

$$\begin{aligned}
d\theta_j^i(X, Y) &= d\theta_j^i(\widetilde{X}, \widetilde{Y}) \\
&= \widetilde{X}\theta_j^i(\widetilde{Y}) - \widetilde{Y}\theta_j^i(\widetilde{X}) - \theta_j^i([\widetilde{X}, \widetilde{Y}]) \\
&= -\frac{\partial}{\partial x_j}\Big(Z_{[\widetilde{X},\widetilde{Y}]} \text{ の } i \text{ 成分}\Big)(o) \\
&= \frac{\partial}{\partial x_j}\Big([Z_X, Z_Y] \text{ の } i \text{ 成分}\Big)(o) \\
&= \frac{\partial}{\partial x_j}\Big(\sum_{k=1}^n \Big(z_k \frac{\partial w_i}{\partial x_k} - w_k \frac{\partial z_i}{\partial x_k}\Big)\Big)(o) \\
&= \sum_{k=1}^n \Big(z_k \frac{\partial^2 w_i}{\partial x_j \partial x_k} - w_k \frac{\partial^2 z_i}{\partial x_j \partial x_k} + \frac{\partial z_k}{\partial x_j}\frac{\partial w_i}{\partial x_k} - \frac{\partial w_k}{\partial x_j}\frac{\partial z_i}{\partial x_k}\Big)(o) \\
&= \sum_{k=1}^n \Big(\theta^k(X)\theta_{jk}^i(Y) - \theta^k(Y)\theta_{jk}^i(X) + \theta_j^k(X)\theta_k^i(Y) - \theta_j^k(Y)\theta_k^i(X)\Big) \\
&= -\sum_{k=1}^n (\theta_{jk}^i \wedge \theta^k + \theta_k^i \wedge \theta_j^k)(X, Y)
\end{aligned}$$

となり,証明が終わる. ∎

さて $J^\infty(N) = \varprojlim J^k(N)$ とおけば,標準形式の全体
$$\theta = (\theta^i, \theta_j^i, \theta_{jk}^i, \cdots)$$
は
$$A^*(J^\infty(N)) = \varinjlim A^*(J^k(N))$$
の元と思うことができる.このとき上記の命題3.23は,$d\theta$ を表す構造方程式と考えられる.これをもう少しわかりやすい形にしよう.そのために $\mathfrak{a}_n$ の基底をつぎのように選ぶ.

$$e_i = \frac{\partial}{\partial x_i}, \quad e_i^j = -x_j \frac{\partial}{\partial x_i}, \quad e_i^{jk} = \frac{1}{2} \sum_{\text{sym}} x_j x_k \frac{\partial}{\partial x_i}$$

とし,一般に

$$e_i^{j_1 \cdots j_k} = (-1)^k \frac{1}{2^k} \sum_{\text{sym}} x_{j_1} \cdots x_{j_k} \frac{\partial}{\partial x_i}$$

とおく.ここでsymは添え字について対称な和をとることを表す.すなわち

$$(-1)^k \frac{\partial^k}{\partial x_{j_1} \cdots \partial x_{j_k}} (e_i^{j_1 \cdots j_k} \text{ の係数}) = 1$$

となるようにしたのである.このとき標準形式を

$$\theta = \sum_i \theta^i \, e_i + \sum_{i,j} \theta^i_j \, e_i^j + \sum_{i,j,k} \theta^i_{jk} \, e_i^{jk} + \cdots$$

と書けば,これは $J^\infty(N)$ 上の $\mathfrak{a}_n$ に値をとる1形式となる.そしてその構造方程式は

$$(3.9) \qquad d\theta = -\frac{1}{2}[\theta, \theta]$$

と簡明に書けることになる.

§3.4 Bott 消滅定理と葉層構造の特性類

(a) Bott 消滅定理

M を n 次元 C^∞ 多様体とし,$\mathcal{F}$ を M 上の余次元 q の葉層構造とする.§3.1(a)の定義3.1から,各点 $p \in M$ に対しそのある開近傍 U と微分同相写像 $\varphi: U \cong \mathbb{R}^{n-q} \times \mathbb{R}^q$ で,任意の $c \in \mathbb{R}^q$ に対して $\varphi^{-1}(\mathbb{R}^{n-q} \times \{c\})$ は $\mathcal{F}$ のある葉に含まれているようなものが存在する.このとき,第二成分への射影を合成した写像 $U \to \mathbb{R}^{n-q} \times \mathbb{R}^q \to \mathbb{R}^q$ を考えれば,これは明らかに沈め込み(submersion)となる.このような写像を集めれば

(i) M の開被覆 $M = \cup_\alpha U_\alpha$ で
(ii) 各 α に対し,沈め込み写像 $f_\alpha: U_\alpha \to \mathbb{R}^q$ が与えられ
(iii) 任意の点 $p \in U_\alpha \cap U_\beta$ に対し,$\mathbb{R}^q$ の局所微分同相写像

$$\gamma_{\beta\alpha}: f_\alpha(p) \text{ のある近傍} \cong f_\beta(p) \text{ のある近傍}$$

が存在して，p の近くで $f_\beta = \gamma_{\beta\alpha} \circ f_\alpha$ となっているものが構成できる．簡単に確かめられるように，上記を葉層構造の同値な定義として採用することもできる．さて各 f_α で $\mathbb{R}^q$ の k 次の接枠バンドル $J^k(\mathbb{R}^q)$ を引き戻したファイバーバンドル

$$f_\alpha^*(J^k(\mathbb{R}^q)) \longrightarrow U_\alpha$$

を考える．これらのバンドルは，共通部分 $U_\alpha \cap U_\beta$ 上では $\gamma_{\beta\alpha}$ の誘導する同型写像により自然にはり合わされる．こうして得られる $G^k(q)$ を構造群とする主バンドルを $J^k(\mathcal{F})$ と書こう．すべての k について $J^k(\mathcal{F})$ を考えれば，主バンドルの系列

$$J^\infty;\ \cdots \longrightarrow J^k(\mathcal{F}) \longrightarrow \cdots \longrightarrow J^2(\mathcal{F}) \longrightarrow J^1(\mathcal{F}) \longrightarrow M$$

が得られる．とくに $J^1(\mathcal{F})$ は $\mathcal{F}$ の法バンドル $\nu(\mathcal{F})$ に同伴する主 $GL(q,\mathbb{R})$ バンドルである．さて高次の接枠バンドル上の標準形式 θ は微分同相により不変であった（命題 3.21）．したがって $J^\infty(\mathcal{F})$ 上の $\mathfrak{a}_q$ に値をとる 1 形式

$$\theta(\mathcal{F}) = (\theta^i, \theta^i_j, \theta^i_{jk}, \cdots)$$

が定義される．とくに $J^2(\mathcal{F})$ 上の $\mathfrak{a}(q)$ に値をとる 1 形式

$$\theta^i, \theta^i_j$$

が定義される．

定理 3.24（Bott 消滅定理[7]） M を C^∞ 多様体，$\mathcal{F}$ を M 上の余次元 q の葉層構造とする．このとき，$\mathcal{F}$ の法バンドル $\nu(\mathcal{F})$ の $\mathbb{Q}$ 係数の Pontrjagin 類 $p_i(\nu(\mathcal{F}))$ が生成する $H^*(M;\mathbb{Q})$ の部分代数は，次数 $> 2q$ で自明となる．すなわち

$$p_{i_1}(\nu(\mathcal{F})) \cdots p_{i_\ell}(\nu(\mathcal{F})) = 0 \quad (4(i_1 + \cdots + i_\ell) > 2q)$$

となる．

[証明] §3.3(c) の考察を $J^\infty(\mathcal{F})$ に一般化すればつぎのようになる．$J^2(\mathcal{F})$ 上の 2 形式 R^i_j を，式

$$R^i_j = d\theta^i_j + \sum_{k=1}^q \theta^i_k \wedge \theta^k_j$$

により定めれば，標準的な Pontrjagin 形式

$$p_i(R) \in A^{4i}(J^2(\mathcal{F}))$$

が定義される.そして $GL(q,\mathbb{R})$ 同変な切断 $s:J^1(\mathcal{F})\to J^2(\mathcal{F})$ を一つ選べば $(s^*\theta^i_j)$ は $J^1(\mathcal{F})$ の接続形式となり,$s^*(p_i(R))$ が $p_i(\nu(\mathcal{F}))$ を表す Pontrjagin 形式となる.さて $J^3(\mathcal{F})$ 上では標準形式として

$$\theta^i,\ \theta^i_j,\ \theta^i_{jk}$$

が存在し

$$d\theta^i_j = -\sum_{k=1}^q \theta^i_k \wedge \theta^k_j - \sum_{k=1}^q \theta^i_{jk} \wedge \theta^k$$

となるのであった(命題 3.23 参照).切断 $s:J^2(\mathcal{F})\to J^3(\mathcal{F})$ を一つ選べば $s^*\theta^i_j=\theta^i_j$ から

$$\begin{aligned}R^i_j &= d\theta^i_j + \sum_{k=1}^q \theta^i_k \wedge \theta^k_j \\ &= s^*\left(d\theta^i_j + \sum_{k=1}^q \theta^i_k \wedge \theta^k_j\right) \\ &= -s^*\left(\sum_{k=1}^q \theta^i_{jk} \wedge \theta^k\right)\end{aligned}$$

となる.したがって,$\ell > q$ ならば

(3.10) $$R^{i_1}_{j_1}\cdots R^{i_\ell}_{j_\ell} = 0$$

となる.定理の主張はこれから直ちに従う. ∎

(b) 葉層構造の特性類の定義

Bott 消滅定理 3.24 の証明で本質的な役割を果たした式(3.10)を基に,葉層構造の特性類を定義する.まず $\mathfrak{gl}(q,\mathbb{R})$ の Weil 代数(§2.1(a)参照)は

$$\begin{aligned}W(\mathfrak{gl}(q,\mathbb{R})) &= \Lambda^*\mathfrak{gl}(q,\mathbb{R})^* \otimes S^*\mathfrak{gl}(q,\mathbb{R})^* \\ &= E(\omega^i_j)\otimes P[\Omega^i_j]\end{aligned}$$

と表示することができる.前にも述べたように E,P はそれぞれ外積代数,多項式代数を表す.また ω^i_j,Ω^i_j はそれぞれ接続形式,曲率形式の,$\mathfrak{gl}(q,\mathbb{R})$ の標準的な基底に関する成分を表す.R^i_j の定義から,対応

$$\omega^i_j \longmapsto \theta^i_j, \quad \Omega^i_j \longmapsto R^i_j$$

は d.g.a. 写像

(3.11) $\quad\quad\quad\quad \Phi: W(\mathfrak{gl}(q,\mathbb{R})) \longrightarrow A^*(J_2(\mathcal{F}))$

を誘導することがわかる．式(3.10)はこの写像 Φ が自明でない核をもっていることを示している．

命題 3.25 Weil 代数 $W(\mathfrak{gl}(q,\mathbb{R}))$ の元で

$$\Omega^{i_1}_{j_1} \cdots \Omega^{i_{q+1}}_{j_{q+1}}$$

の形をしたものから生成されるイデアルを I とすれば，これは微分イデアルとなる．すなわち $dI \subset I$ となる．

[証明] 構造方程式

$$d\omega^i_j = -\sum_{k=1}^{q} \omega^i_k \wedge \omega^k_j + \Omega^i_j$$

の両辺を微分して整理すれば

$$d\Omega^i_j = \sum_{k=1}^{q} (\Omega^i_j \wedge \omega^k_k - \omega^i_k \wedge \Omega^k_j)$$

が得られる(Bianchi の恒等式)．命題はこれから直ちに従う． ∎

系 3.26 $\hat{W}(\mathfrak{gl}(q,\mathbb{R})) = W(\mathfrak{gl}(q,\mathbb{R}))/I$ とおけば，これは d.g.a. となり，式(3.11)は d.g.a. 写像

$$\Phi: \hat{W}(\mathfrak{gl}(q,\mathbb{R})) \longrightarrow A^*(J^2(\mathcal{F}))$$

を誘導する．したがって準同型写像

$$\Phi: H^*(\hat{W}(\mathfrak{gl}(q,\mathbb{R}))) \longrightarrow H^*(J^2(\mathcal{F});\mathbb{R})$$

が得られる． □

よく知られているように Weil 代数のコホモロジーは自明である．しかし，ここに現れた曲率の部分をイデアル I で割って得られる Weil 代数の商代数は，豊富なコホモロジーをもつことがつぎのようにしてわかる．不変多項式 $c_i \in I^k(GL(q,\mathbb{R}))$ $(i=1,\cdots,q)$ を

$$\det\left(I + \frac{1}{2\pi}\Omega\right) = 1 + c_1 + \cdots + c_q$$

§3.4 Bott 消滅定理と葉層構造の特性類

により定義する. ここで I は単位行列を表し, $\Omega = (\Omega_j^i)$ である. また, c_{2i} は i 次 Pontrjagin 類に対応する不変多項式となる. Weil 代数のコホモロジーの自明性から, ある元 $u_i \in W^{2i-1}(\mathfrak{gl}(q,\mathbb{R}))$ で $du_i = c_i$ となるものが存在するのでそれを一つ選ぶ. たとえば, c_i に対応する Chern–Simons 形式 Tc_i (§2.3(d)参照)を取ればよい. これらの元の $\hat{W}(\mathfrak{gl}(q,\mathbb{R}))$ への射影も同じ記号で表すことにする. このとき, u_i, c_i で生成される $\hat{W}(\mathfrak{gl}(q,\mathbb{R}))$ の部分代数を W_q と書けば

$$W_q = E(u_1, \cdots, u_q) \otimes P_q[c_1, \cdots, c_q]$$

となる. ここで P_q は c_i の生成する多項式代数において, 次数 $> 2q$ の元で生成されるイデアルによる商を表す.

命題 3.27 包含写像 $W_q \subset \hat{W}(\mathfrak{gl}(q,\mathbb{R}))$ は, コホモロジーの同型

$$H^*(W_q) \cong H^*(\hat{W}(\mathfrak{gl}(q,\mathbb{R})))$$

を誘導する.

[証明] $\hat{W}(\mathfrak{gl}(q,\mathbb{R}))$ にフィルター付け $\{F^k\}_k$ を

$$F^k = \{\alpha \in \hat{W}(\mathfrak{gl}(q,\mathbb{R})); \ \alpha \text{ の曲率に関する次数} \geq k\}$$

により入れれば, 対応するスペクトル系列の E_2 項は

$$H^*(\mathfrak{gl}(q,\mathbb{R})) \otimes P_q[c_1, \cdots, c_q]$$

となることがわかる. 一方, W_q についても同様なフィルター付けを入れると, この場合の E_2 項は明らかに W_q 自身となる. よく知られているように, 射影

$$E(u_1, \cdots, u_q) \longrightarrow \Lambda^*\mathfrak{gl}(q,\mathbb{R})^*$$

はコホモロジーの同型を誘導する. したがって, 上の二つの E_2 項は包含写像の誘導する写像により自然に同型となる. スペクトル系列の比較定理から命題の証明が終わる. ■

W_q の元

$$u_{i_1} \cdots u_{i_s} c_{j_1} \cdots c_{j_t} \quad (i_1 < \cdots < i_s, \ j_1 \leq \cdots \leq j_t, \ i_1 \leq j_1)$$

を簡単に $u_I c_J$ と書くことにする. また $|J| = j_1 + \cdots + j_t$ とおく.

命題 3.28 (Vey) $H^*(W_q) \cong H^*(\hat{W}(\mathfrak{gl}(q,\mathbb{R})))$ の基底として

$$\{u_I c_J; \ |J| \leq q, \ i_1 \leq j_1, \ i_1 + |J| > q\}$$

がとれる. □

上記の元がすべて d について閉じていることは式(3.10)から明らかである. もし葉層構造の法バンドル $\nu(\mathcal{F})$ の自明化が与えられている場合には,対応する切断 $s: M \to J^1(\mathcal{F})$ を使って,準同型写像

$$H^*(W_q) \longrightarrow H^*(J^2(\mathcal{F}); \mathbb{R}) \cong H^*(J^1(\mathcal{F}); \mathbb{R}) \xrightarrow{s^*} H^*(M; \mathbb{R})$$

が得られる. 任意の元 $\alpha \in H^*(W_q)$ の上記の写像による像 $\alpha(\mathcal{F}) \in H^*(M; \mathbb{R})$ は,法バンドルが自明化された葉層構造の特性類となることがわかる.

法バンドルが自明とは限らない一般の葉層構造については,つぎのように構成する. 直交群 $O(q)$ の Weil 代数 $W(\mathfrak{gl}(q, \mathbb{R}))$ への内部積と随伴表現を通した作用は, $\hat{W}(\mathfrak{gl}(q, \mathbb{R}))$ への作用を誘導する. したがって, $O(q)$ のすべての元に関する内部積が 0 で随伴表現を通した作用が自明となるような元全体を

$$\hat{W}(\mathfrak{gl}(q, \mathbb{R}))_{O(q)}$$

とすれば,準同型写像

$$H^*(\hat{W}(\mathfrak{gl}(q, \mathbb{R}))_{O(q)}) \longrightarrow H^*(J^2(\mathcal{F})/O(q); \mathbb{R})$$

が得られる. i が奇数ならば u_i は $W(\mathfrak{gl}(q, \mathbb{R}))_{O(q)}$ の元から選べることがわかる. そこで

$$WO_q = E(u_1, u_3, \cdots) \otimes P_q[c_1, \cdots, c_q] \subset \hat{W}(\mathfrak{gl}(q, \mathbb{R}))_{O(q)}$$

とおく. これらに関しては,命題 3.27,命題 3.28 と同様につぎの二つの命題が成立する.

命題 3.29 上記の包含写像はコホモロジーの同型を誘導する. □

命題 3.30 (Vey) $H^*(WO_q) \cong H^*(\hat{W}(\mathfrak{gl}(q, \mathbb{R}))_{O(q)})$ の基底として

$$\{u_I c_J; \ i_k \text{ はすべて奇数}, \ |J| \leq q, \ s = 0 \text{ ならば } j_\ell \text{ はすべて偶数},$$
$$s \neq 0 \text{ ならば } i_1 \leq j_\ell \text{ の中の最小の奇数}, \ i_1 + |J| > q\}$$

がとれる. □

こうして,準同型写像

$$H^*(WO_q) \longrightarrow H^*(J^2(\mathcal{F})/O(q); \mathbb{R}) \cong H^*(M; \mathbb{R})$$

が得られた．そして，任意の元 $\alpha \in H^*(WO_q)$ のこの写像による像 $\alpha(\mathcal{F}) \in H^*(M;\mathbb{R})$ は葉層構造の特性類となることがわかる．とくに $u_1 c_1^q$ の表す特性類を余次元 q の Godbillon–Vey 類という．

以上の葉層構造の特性類の定義は，$J^2(\mathcal{F})$ の情報のみを使っている．もっと高い次数のジェットバンドル $J^k(\mathcal{F})$ を使えば，別の特性類を定義できるのではないかと考えるのは自然である．しかしつぎの定理は残念ながらそうではないことを示している．

定理 3.31（Gel'fand-Fuks [23]） 包含写像
$$W_q \subset \hat{W}(\mathfrak{gl}(q,\mathbb{R})) \subset A_c^*(\mathfrak{a}_q)$$
はコホモロジーの同型を誘導する． □

ここで $A_c^*(\mathfrak{a}_q)$ は Lie 代数 $\mathfrak{a}_q$ のある自然な位相に関する連続なコチェイン全体を表す．

§3.5 不連続不変量

この節では，位相空間 X の実係数のコホモロジー類 $\alpha \in H^q(X;\mathbb{R})$ がいくつか与えられているとき，それらを $\mathbb{R}$ の不連続な準同型でねじってカップ積をとることにより，無限個の高次のコホモロジー類が得られる様子を見る．本書では，X のサイクル上でのこれらのコホモロジー類の値を**不連続不変量**（discontinuous invariants）と呼ぶことにする．よく知られているように，Chern 類や Pontrjagin 類などの古典的な特性類はすべて整数係数のコホモロジー類として定義される．これと対照的に，第 2 章と第 3 章で定義した平坦バンドルや葉層構造などの特性類は本質的に実係数のコホモロジー類となる．Godbillon–Vey 類の連続変化に関する Thurston の結果（§3.2(b)定理 3.10）は，それをはっきりとした形で示したものである．そこで，これらの特性類の誘導する不連続不変量は非自明か，という問いが自然に生まれる．ここではこの問題を定式化する（詳しくは[51]参照）．これは極めて深く難しい問題である．

(a) 実コホモロジー類の誘導する不連続不変量

まず初めに，位相空間 X の奇数次の実コホモロジー類
$$\alpha \in H^q(X; \mathbb{R}) \quad (q:奇数)$$
が与えられた場合を考える．このとき α は，Kronecker 積による対応 $H_q(X; \mathbb{Z}) \ni u \mapsto \langle \alpha, u \rangle \in \mathbb{R}$ により，自然な準同形写像

(3.12) $$\alpha : H_q(X; \mathbb{Z}) \longrightarrow \mathbb{R}$$

を誘導する．さて任意の自然数 k に対して，(3.12)を一般化した準同型写像

(3.13) $$\alpha_k : H_{kq}(X; \mathbb{Z}) \longrightarrow \Lambda_{\mathbb{Q}}^k(\mathbb{R})$$

をつぎのように定義する．ここで $\Lambda_{\mathbb{Q}}^k(\mathbb{R})$ は $\mathbb{R}$ を $\mathbb{Q}$ 上のベクトル空間と思って k 重の**外積べき**(exterior power)をとったものである．また簡単にわかるように，自然な同型 $\Lambda_{\mathbb{Z}}^k(\mathbb{R}) \cong \Lambda_{\mathbb{Q}}^k(\mathbb{R})$ が存在する．さて
$$x_1, \cdots, x_m$$
を $H^q(X; \mathbb{Q})$ の基底とし
$$\alpha = a_1 x_1 + \cdots + a_m x_m$$
と表そう．

定義 3.32 奇数次の実コホモロジー類 $\alpha \in H^q(X; \mathbb{R})$ に対し，準同型写像 $\alpha_k : H_{kq}(X; \mathbb{Z}) \to \Lambda_{\mathbb{Q}}^k(\mathbb{R})$ を
$$\alpha_k(u) = \sum_{i_1 < \cdots < i_k} \langle x_{i_1} \cdots x_{i_k}, u \rangle a_{i_1} \wedge \cdots \wedge a_{i_k} \in \Lambda_{\mathbb{Q}}^k(\mathbb{R}) \quad (u \in H_{kq}(X; \mathbb{Z}))$$
により定義する． □

命題 3.33 上記の写像 α_k は，$H^q(X; \mathbb{Q})$ の基底の取り方によらずに定まる．

[証明]
$$y_1, \cdots, y_m$$
を $H^q(X; \mathbb{Q})$ の別の基底としよう．このとき正則な行列 $C = (c_{ij}) \in GL(m, \mathbb{Q})$ が存在して
$$y_i = \sum_{j=1}^m c_{ij} x_j$$

となる．C の逆行列を $C^{-1} = (\bar{c}_{ij})$ とすれば
$$x_i = \sum_{j=1}^{m} \bar{c}_{ij} y_j$$
となる．二つの多重指数 $I = (i_1, \cdots, i_k)$ $(1 \leq i_1 < \cdots < i_k \leq m)$ と $J = (j_1, \cdots, j_k)$ $(1 \leq j_1 < \cdots < j_k \leq m)$ に対し，(I, J) に対応する C および C^{-1} の k 次の小行列式をそれぞれ $c(I, J)$，$\bar{c}(I, J)$ とする．さて
$$\alpha = b_1 y_1 + \cdots + b_m y_m$$
とすれば
$$a_i = \sum_{j=1}^{m} c_{ji} b_j$$
となる．このとき
$$x_{i_1} \cdots x_{i_k} = \sum_{J=(j_1,\cdots,j_k)} \bar{c}(I, J) y_{j_1} \cdots y_{j_k}$$
であり，また
$$a_{i_1} \wedge \cdots \wedge a_{i_k} = \sum_{J'=(j'_1,\cdots,j'_k)} c(J', I) b_{j'_1} \wedge \cdots \wedge b_{j'_k}$$
となる．したがって，任意の元 $u \in H_{kq}(X; \mathbb{Z})$ に対し
$$\sum_{I=(i_1,\cdots,i_k)} \langle x_{i_1} \cdots x_{i_k}, u \rangle a_{i_1} \wedge \cdots \wedge a_{i_k}$$
$$= \sum_I \{ \langle \sum_J \bar{c}(I,J) y_{j_1} \cdots y_{j_k}, u \rangle \sum_{J'} c(J', I) b_{j'_1} \wedge \cdots \wedge b_{j'_k} \}$$
$$= \sum_J \{ \sum_{J'} \sum_I c(J', I) \bar{c}(I, J) \langle y_{j_1} \cdots y_{j_k}, u \rangle b_{j'_1} \wedge \cdots \wedge b_{j'_k} \}$$
$$= \sum_J \langle y_{j_1} \cdots y_{j_k}, u \rangle b_{j_1} \wedge \cdots \wedge b_{j_k}$$
となり証明が終わる．ここで Laplace 展開定理 $c(J', I) \bar{c}(I, J) = \delta_{J'J}$ を使った． ∎

定義から明らかに $k > m$ ならば $\alpha_k = 0$ であり，また α が有理コホモロジー類ならば任意の $k > 1$ に対し $\alpha_k = 0$ となる．

例 3.34 不連続不変量によって，幾何的構造の不連続な変化が記述できることを示す簡単な例をあげよう．2 次元トーラス $T^2 = \mathbb{R}^2 / \mathbb{Z}^2$ 上の線形葉層

$\mathcal{F}_c$ ($c\in\mathbb{R}\cup\{\infty\}$), すなわち直線 $y=cx$ を平行移動したもの達を葉とするような葉層構造を考える．§3.1(a)例3.3 ですでに述べたように，$c\in\mathbb{Q}\cup\{\infty\}$ ならばすべての葉はコンパクト(S^1 と微分同相)となるが，そうでない場合はすべての葉は T^2 の中で稠密となる．したがって $\mathcal{F}_c$ の大局的な様子は，パラメーター c に関して不連続に変化するのである．さて $y=cx$ を微分すれば $dy=cdx$ となるので，$\mathcal{F}_c$ は T^2 上の閉じた1形式 $\omega_c=-cdx+dy$ によって定義される．この1形式の表すコホモロジー類は $[\omega_c]=-c[dx]+[dy]\in H^1(T^2;\mathbb{R})$ であるから，それの誘導する不連続不変量 $[\omega_c]_2 : H_2(T^2;\mathbb{Z})\to \Lambda^2_{\mathbb{Q}}(\mathbb{R})$ の T^2 の基本類上の値は

$$[\omega_c]_2([T^2])=-c\wedge 1 \in \Lambda^2_{\mathbb{Q}}(\mathbb{R})$$

となる．こうして

$$\mathcal{F}_c \text{ のすべての葉がコンパクト} \iff [\omega_c]_2([T^2])=0$$

となることがわかった． □

以上の結果は，偶数次の実コホモロジー類

$$\alpha \in H^q(X;\mathbb{R}) \quad (q:\text{偶数})$$

が与えられた場合にも適当な修正を加えれば成立する．議論は奇数次の場合とおおむね平行に行えるので，異なる点だけを記述して詳細は読者の演習問題としよう．q が偶数の場合にも α は準同型写像

(3.14) $\qquad\qquad \alpha : H_q(X;\mathbb{Z}) \longrightarrow \mathbb{R}$

を誘導するが，これを一般化する準同型写像

(3.15) $\qquad\qquad \alpha_k : H_{kq}(X;\mathbb{Z}) \longrightarrow S^k_{\mathbb{Q}}(\mathbb{R})$

をつぎのように定義する．ここで $S^k_{\mathbb{Q}}(\mathbb{R})$ は $\mathbb{R}$ を $\mathbb{Q}$ 上のベクトル空間と思って k 重の対称べき(symmetric power)をとったものである．この場合も簡単にわかるように，自然な同型 $S^k_{\mathbb{Z}}(\mathbb{R})\cong S^k_{\mathbb{Q}}(\mathbb{R})$ が存在する．k 個の実数 $a_1,\cdots,a_k\in\mathbb{R}$ に対して，それらの $S^k(\mathbb{R})$ での積を $\mathbb{R}$ での通常の積と区別するため

$$\hat{a}_1\cdots\hat{a}_k \in S^k(\mathbb{R})$$

と記すことにする．さて

$$x_1,\cdots,x_m$$

を $H^q(X;\mathbb{Q})$ の基底とし

$$\alpha = a_1 x_1 + \cdots + a_m x_m$$

と表そう.

定義 3.35 偶数次の実コホモロジー類 $\alpha \in H^q(X; \mathbb{R})$ に対し,準同型写像 $\alpha_k : H_{kq}(X; \mathbb{Z}) \to S_{\mathbb{Q}}^k(\mathbb{R})$ を

$$\alpha_k(u) = \frac{1}{k!} \sum_{i_1, \cdots, i_k} \langle x_{i_1} \cdots x_{i_k}, u \rangle \hat{a}_{i_1} \cdots \hat{a}_{i_k} \in S_{\mathbb{Q}}^k(\mathbb{R}) \quad (u \in H_{kq}(X; \mathbb{Z}))$$

により定義する. □

命題 3.36 上記の写像 α_k は,$H^q(X; \mathbb{Q})$ の基底の取り方によらずに定まる. □

証明は k が奇数の場合とほとんど同様にできるので省略する.

以上の結果は $K(\mathbb{R}, q)$ のホモロジー群によりつぎのように説明することができる.

命題 3.37 $K(\mathbb{R}, q)$ のホモロジー群はつぎのように与えられる.

(i) q が奇数のとき

$$H_*(K(\mathbb{R}, q); \mathbb{Z}) = \begin{cases} \mathbb{Z} & * = 0 \\ \Lambda_{\mathbb{Q}}^k(\mathbb{R}) & * = kq \\ 0 & \text{その他} \end{cases}$$

(ii) q が偶数のとき

$$H_*(K(\mathbb{R}, q); \mathbb{Z}) = \begin{cases} \mathbb{Z} & * = 0 \\ S_{\mathbb{Q}}^k(\mathbb{R}) & * = kq \\ 0 & \text{その他} \end{cases}$$

[証明] $\mathbb{Q}$ 上のベクトル空間としての $\mathbb{R}$ の基底 $\{a_\lambda; \lambda \in \Lambda\}$ を選ぶ.このとき $\mathbb{R} = \varinjlim_F \mathbb{Q}_F$ と書ける.ただし F は Λ の有限部分集合すべてをわたるものとし,$\mathbb{Q}_F$ は a_λ ($\lambda \in F$) により生成される $\mathbb{R}$ の有限次元部分空間を表す.したがって

$$H_*(K(\mathbb{R}, q); \mathbb{Z}) = \varinjlim_F H_*(K(\mathbb{Q}_F, q); \mathbb{Z})$$

となる.ここで右辺に §1.1(d) 命題 1.22 と Künneth の定理を使えば主張が

証明される.

実コホモロジー類 $\alpha \in H^q(X;\mathbb{R})$ を与えることと写像
$$\alpha : X \longrightarrow K(\mathbb{R}, q)$$
のホモトピー類を与えることとは同等である. この写像の誘導する準同型写像
$$\alpha_* : H_*(X;\mathbb{Z}) \longrightarrow H_*(K(\mathbb{R}, q);\mathbb{Z})$$
が α の誘導する不連続不変量に他ならない.

(b) 不連続不変量

前項では一つの実コホモロジー類の誘導する不連続不変量を定義した. ここではそれを一般化する. $\mathcal{A}$ を $\mathbb{R}$ 上の d.g.a. とする(第1章参照). M を C^∞ 多様体(または単体複体)とし, $A^*(M)$ をその de Rham 複体(または§1.3 (a)で定義した M 上の C^∞ 形式のつくる d.g.a.)とする. M 上の $\mathcal{A}$ 微分式系 ($\mathcal{A}$ differential system)とは, d.g.a.写像
$$f : \mathcal{A} \longrightarrow A^*(M)$$
のことである. f は準同型写像
$$f^* : H^*(\mathcal{A}) \longrightarrow H^*(M;\mathbb{R})$$
を誘導し, M 上の実コホモロジー類のある系が得られる. 二つの $\mathcal{A}$ 微分式系 $f_i : \mathcal{A} \to A^*(M)$ $(i=0,1)$ は, $M \times I$ 上の $\mathcal{A}$ 微分式系 $F : \mathcal{A} \to A^*(M \times I)$ が存在して $F|_{M \times \{0\}} = f_0$, $F|_{M \times \{1\}} = f_1$ となるとき互いにホモトープという. $\mathcal{A}$ 微分式系のホモトピー類を分類する分類空間 $\mathrm{B}\mathcal{A}$ がつぎのようにして構成される(Sullivan [59]参照). 標準的 k 単体 Δ^k 上の $\mathcal{A}$ 微分式系を k 単体とする単体的集合(simplicial set)の幾何学的実現を $\mathrm{B}\mathcal{A}$ とするのである. ただし, 単体の各辺への制限と退化の作用素は微分形式の通常の演算から自然に定義されるものを使う. このとき, 一般論から1対1対応
$$\{M 上の \mathcal{A} 微分式系のホモトピー類\} = [M, \mathrm{B}\mathcal{A}]$$
が得られる. さて M 上の $\mathcal{A}$ 微分式系 $f : \mathcal{A} \to A^*(M)$ の分類写像を同じ記号を使って
$$f : M \longrightarrow \mathrm{B}\mathcal{A}$$

§3.5 不連続不変量

と書けば，それは準同型写像

$$f_*: H_*(M;\mathbb{Z}) \longrightarrow H_*(\mathrm{B}\mathcal{A};\mathbb{Z})$$

を誘導する．これを f の誘導する不連続不変量と呼ぼう．ここで本質的なのは基礎体 K が $\mathbb{R}$ だということである．上記のことを $K=\mathbb{Q}$ 上で同様に定義してもつまらないものになる．その理由はつぎの通りである．$\mathrm{B}\mathcal{A}$ 上には標準的な (tautological) $\mathcal{A}$ 微分式系

$$\mathcal{A} \longrightarrow A^*(\mathrm{B}\mathcal{A})$$

が定義されている．それがコホモロジーに誘導する写像

$$H^*(\mathcal{A}) \longrightarrow H^*(\mathrm{B}\mathcal{A};K)$$

は，$K=\mathbb{Q}$ の場合には自然に同型となる．これに対して $K=\mathbb{R}$ の場合には同型には程遠いものとなる．これを例で示そう．

例 3.38 K を単体複体とし，$A_\mathbb{Q}^*(K)$, $A^*(K)$ をその $\mathbb{Q}$ 多項式形式または C^∞ 形式全体のつくる de Rham 複体とする (§1.3(a))．$\mathcal{M}_K^\mathbb{Q}$, $\mathcal{M}_K^\mathbb{R}$ をそれらの極小モデルとする (§1.2)．このとき，$\mathrm{B}\mathcal{M}_K^\mathbb{Q}$ は K の有理ホモトピー型 K_0 (§1.1(c)) となる．したがって $H^*(\mathrm{B}\mathcal{M}_K^\mathbb{Q};\mathbb{Q}) \cong H^*(K;\mathbb{Q})$ となる．これに対して，$K_\mathbb{R}=\mathrm{B}\mathcal{M}_K^\mathbb{R}$ は K の実ホモトピー型と呼ぶべきものであるが，$H^*(K_\mathbb{R};\mathbb{R})$ は $H^*(K;\mathbb{R})$ よりはるかに大きなものとなる．たとえば，K が奇数次元球面 S^{2n+1} のときは $K_0=K(\mathbb{Q},2n+1)$, $K_\mathbb{R}=K(\mathbb{R},2n+1)$ となるが，(a) 項の結果からすぐにわかるように後者のコホモロジーは非常に大きなものとなる．一般に $H_*(K_\mathbb{R};\mathbb{Z})$ の計算はたいへん難しい． □

G を Lie 群とし $\mathfrak{g}$ をその Lie 代数とする．G 上の左不変な微分形式全体のつくる d.g.a. $\Lambda^*\mathfrak{g}^*$ の分類空間を $\mathrm{B}\mathfrak{g}$ と書く．たとえば

$$\mathrm{B}\mathfrak{sl}(2,\mathbb{R}) = K(\mathbb{R},3), \quad \mathrm{B}\mathfrak{sl}(2,\mathbb{C}) = K(\mathbb{C},3)$$

となる (§2.2(d), §2.3(e) 例 2.23 参照)．このとき $H_*(\mathrm{B}\mathfrak{g};\mathbb{Z})$ の中で幾何的なもの，すなわち多様体上の平坦 G 積バンドルに由来するようなサイクルはどの位あるか，という問いが生まれる．この問題は，カップ積をとる以前の初めの段階でも未解決である．たとえば，$\mathfrak{sl}(2,\mathbb{C})$ の場合

$$H_3(\mathrm{B}\mathfrak{sl}(2,\mathbb{C});\mathbb{Z}) \cong \mathbb{C}$$

の実部は第一 Pontrjagin 類に対応する Chern–Simons 類の値であり，虚部は

$\mathbb{H}^3$ の体積要素の誘導するコホモロジー類の値であるが，それらが幾何的なサイクルの上でどのような値を取りうるかはわかっていない．これは，閉じた 3 次元双曲多様体の η 不変量と体積の誘導する写像

$$(\eta, i\,\mathrm{vol}) : \{\text{閉じた 3 次元双曲多様体の等長類}\} \longrightarrow \mathbb{C}$$

の像の形と密接に関連する．

　葉層構造に関しては，まず余次元 1 の Godbillon–Vey 類について考えよう．余次元 1 の葉層構造 $(M, \mathcal{F})$ に対して Godbillon–Vey 類 $\mathrm{gv}(\mathcal{F}) \in H^3(M; \mathbb{R})$ が定義され，この節の初めに述べた Thurston の結果は，その 3 次元サイクル上の値として任意の実数がとれることを示しているのであった．そこで，Godbillon–Vey 類が誘導する高次の不連続不変量

$$\mathrm{gv}_k(M, \mathcal{F}) \in \Lambda^k_{\mathbb{Q}}(\mathbb{R}) \quad (k = 2, 3, \cdots)$$

の値はどうなるのか，という問いが自然に生まれてくる．これについては，それが非自明となるかどうかさえもわかっていない．一般の余次元の葉層構造についても同様である．簡単のため法バンドルの自明化が与えられているような余次元 q の葉層構造 $(M, \mathcal{F})$ を考える．このとき $J^\infty(\mathcal{F})$ 上には，標準形式の系

$$\theta(\mathcal{F}) = (\theta^i, \theta^i_j, \theta^i_{jk}, \theta^i_{jk\ell}, \cdots)$$

が定義されているのであった(§3.4(a)参照)．これらを法バンドルの自明化の誘導する切断 $s : M \to J^1(\mathcal{F})$ とホモトピー同値 $J^1(\mathcal{F}) \simeq J^k(\mathcal{F})$ $(k \geq 2)$ で引き戻せば，M 上にある微分式系が得られる．$\theta(\mathcal{F})$ の構造方程式(§3.3(e)の(3.9))から，この微分式系の分類空間は $B\mathfrak{a}_q$ と書くのが妥当であることがわかる．そこで問題は，$H_*(B\mathfrak{a}_q; \mathbb{Z})$ の中で幾何的なサイクルはどの位あるかということになる．法バンドルが自明化された余次元 q の葉層構造に対する Haefliger の分類空間 $B\overline{\varGamma}_q$ ([26]参照)の言葉を使えば，Sullivan の論文[59]にすでに述べられているように，自然な写像

$$B\overline{\varGamma}_q \longrightarrow B\mathfrak{a}_q$$

はホモトピー同値か，という問いとなる．これもまた極めて難しい問題である．

§3.6 平坦バンドルの特性類 II

(a) 葉層 F バンドルの分類空間

Lie 群 G を構造群とする種々の G バンドルの特性類の間の関係は，§2.3(c)の可換図式(2.20)に記述した通りである．F を C^∞ 級の閉多様体とするとき，この可換図式を構造群が無限次元となる種々の F バンドルに対して一般化することは将来に向けての大きな問題である．§2.4(d)にすでに記したように，F バンドルの分類空間のなすファイバー空間

(3.16) $\qquad \mathrm{B\overline{Diff}}\,F \longrightarrow \mathrm{BDiff}^\delta F \longrightarrow \mathrm{BDiff}\,F$

が存在する．ここで $\mathrm{Diff}^\delta F$ は $\mathrm{Diff}\,F$ に離散位相を入れた群を表すものである．ファイバーの $\mathrm{B\overline{Diff}}\,F$ は平坦 F 積バンドル，すなわち葉層 F バンドルであって F バンドルとしての自明化が与えられているものの分類空間である．§2.4で詳しく記述したように，F の Gel'fand–Fuks コホモロジー $H_{GF}^*(F)$ は平坦 F 積バンドルの特性類の役割を果たすのであった．

つぎに $\mathrm{BDiff}^\delta F$ は平坦 F バンドル（§2.4(b)定義 2.26），あるいは葉層構造の立場からは葉層 F バンドル（§3.1(a)例 3.5 参照）の分類空間となる．なぜならば，§2.4(b)定理 2.28 により，任意の平坦 F バンドル $\pi: E \to M$ はそのホロノミー準同型写像

$$\rho: \pi_1(M) \longrightarrow \mathrm{Diff}\,F$$

により完全に記述されるからである．式(3.16)の第三の分類空間 $\mathrm{BDiff}\,F$ はもちろん通常の微分可能 F バンドルの分類空間である．このとき上記の問題を具体的にいえば，図式

(3.17)
$$\begin{array}{ccc} H_{GF}^*(F) & \longrightarrow & H^*(\mathrm{B\overline{Diff}}\,F; \mathbb{R}) \\ \uparrow & & \uparrow \\ \text{未知の理論} & \longrightarrow & H^*(\mathrm{BDiff}^\delta F; \mathbb{R}) \\ \uparrow & & \uparrow \\ \text{未知の理論} & \longrightarrow & H^*(\mathrm{BDiff}\,F; \mathbb{R}) \end{array}$$

の中にある二箇所の未知の理論を建設せよということになる．有限次元 Lie 群 G の場合の対応する図式の場合には，G が極大コンパクト部分群 K を持つことが本質的であった．そして G の Lie 代数の K に相対的なコホモロジー $H^*(\mathfrak{g}, K)$ と K の不変多項式代数 $I^*(K)$ とが二箇所を埋めたのである．ところが微分同相群 $\mathrm{Diff}\, F$ は，S^1 のような極く少数の例外をのぞき極大コンパクト部分群の役割を果たす部分群を持たない．このため，有限次元 Lie 群に対する Chern–Weil 理論をそのままの形で一般化することはできない．一般の微分可能 F バンドルに対する特性類の理論は広大な未知の領域である．

§3.4 で考察した葉層構造の特性類を使えば，部分的ではあるがつぎのようにして葉層 F バンドルの特性類を構成することができる．$\pi: E \to M$ を葉層 F バンドルとし，$\mathcal{F}$ を対応する E 上の葉層構造とする．$\dim F = q$ とし $\alpha \in H^*(WO_q)$ を余次元 q の葉層構造の特性類とすれば，$\alpha(\mathcal{F}) \in H^*(E; \mathbb{R})$ が定義される．ここで Gysin 準同型写像(あるいはファイバー積分)
$$\pi_*: H^*(E; \mathbb{R}) \longrightarrow H^{*-q}(M; \mathbb{R})$$
を考える(§4.2(c)参照)．このとき $\pi_*(\alpha(\mathcal{F})) \in H^{*-q}(M; \mathbb{R})$ は，葉層 F バンドルの特性類となることが簡単にわかる．したがって $\pi_*(\alpha) \in H^{*-q}(\mathrm{BDiff}^\delta F; \mathbb{R})$ と思うことができる．この構成を少し一般化して F バンドルの特性類とのカップ積に Gysin 準同型写像を施すことにより，準同型写像
$$H^*(WO_q) \otimes H^*(\mathrm{BDiff}\, F; \mathbb{R}) \longrightarrow H^{*-q}(\mathrm{BDiff}^\delta F; \mathbb{R})$$
が定義される．この構成により得られる $\mathrm{BDiff}^\delta F$ のコホモロジー類が，全体の中でどの程度の部分を占めるのかは未知である．

(b) 群のコホモロジー

平坦バンドルの特性類は対応する構造群(Lie 群 G あるいは微分同相群 $\mathrm{Diff}\, F$)に離散位相を入れた群のコホモロジーと思うことができる．§1.4 で一般の群 Γ のコホモロジー $H^*(\Gamma)$ を Eilenberg–MacLane 空間 $K(\Gamma, 1)$ のコホモロジーとして定義した．ここではより代数的な定義を与えることにする．前にも述べたように詳しいことは[10]を参照してほしい．負でない整数 k に対して，Γ^k の元

§3.6 平坦バンドルの特性類 II —— 133

$$(g_1, \cdots, g_k) \quad (g_i \in \Gamma)$$

全体から生成される自由 abel 群を

$$C_k(\Gamma)$$

と書き，その元を Γ の k チェインという．ただし $C_0 = \mathbb{Z}$ とおく．境界作用素

$$\partial : C_k(\Gamma) \longrightarrow C_{k-1}(\Gamma)$$

を

$$\partial(g_1, \cdots, g_k) = (g_2, \cdots, g_k) - (g_1 g_2, g_3, \cdots, g_k) + (g_1, g_2 g_3, g_4, \cdots, g_k)$$
$$- \cdots + (-1)^{k-1}(g_1, \cdots, g_{k-2}, g_{k-1} g_k) + (-1)^k (g_1, \cdots, g_{k-1})$$

と定義する．$k=1$ のときは $\partial(g) = 0$ とする．このとき $\partial \circ \partial = 0$ となることが簡単に確かめられ，したがって $C_*(\Gamma) = \oplus_k C_k(\Gamma)$ はチェイン複体となる．そこで

$$H_*(\Gamma) = H_*(C_*(\Gamma))$$

とおき，これを Γ のホモロジーという．つぎに

$$C^k(\Gamma) = \mathrm{Hom}(C_k(\Gamma), \mathbb{Z})$$

の元を Γ の k コチェインという．双対境界作用素

$$\delta : C^{k-1}(\Gamma) \longrightarrow C^k(\Gamma)$$

が $\delta f(c) = f(\partial c)$ $(f \in C^{k-1}(\Gamma), c \in C_k(\Gamma))$ により与えられる．これにより $C^*(\Gamma) = \oplus_k C^k(\Gamma)$ はコチェイン複体となる．そこで

$$H^*(\Gamma) = H^*(C^*(\Gamma))$$

とおき，これを Γ のコホモロジーという．

上記の定義は初めは人為的に思われるかも知れないが，つぎのように考えれば幾何的にも自然であることがわかるだろう．多様体 M 上に平坦バンドルが与えられ

$$\rho : \pi_1(M) \longrightarrow \Gamma$$

をそのホロノミー準同型写像とする．$K(\pi_1(M), 1)$ は M の 1 余切片(§1.1 (b)参照)であり，連続写像 $M \to K(\pi_1(M), 1)$ が定義される．一方，準同型写像 ρ は連続写像 $K(\pi_1(M), 1) \to K(\Gamma, 1)$ を誘導する．このとき，コホモロジーに誘導される写像

$$H^*(\Gamma) = H^*(K(\Gamma,1)) \longrightarrow H^*(K(\pi_1(M),1)) \longrightarrow H^*(M)$$

が平坦バンドルの特性類を与えるのであるが，これは明らかに群のコホモロジーに誘導される準同型

$$\rho^* : H^*(\Gamma) \longrightarrow H^*(\pi_1(M))$$

だけで完全に記述される．さて，簡単のために $M = K(\pi_1(M),1)$ とし，M には三角形分割 K が与えられているものとしよう．K の 1 切片 $K^{(1)}$ の極大樹木(maximal tree) T を一つ選び，それを一点に縮めれば 0 胞体が一個であるような M の胞体分割 $\overline{K}$ が得られる．ここで樹木とは単連結な 1 次元単体複体のことをいう．さて上記の一個の 0 胞体を p_0 とすれば，$\overline{K}$ の向き付けられた各 1 胞体は p_0 を基点とする M の基本群の元 $\alpha \in \pi_1(M)$ を定める．そこでこの 1 胞体を (α) と記す．つぎに，$\overline{K}$ の向き付けられた 2 胞体の三つの辺は図 3.5 のように記述されることがわかる．そこでこのような 2 胞体を (α,β) と記すのは妥当であろう．このとき，その境界は

$$\partial(\alpha,\beta) = (\beta) - (\alpha\beta) + (\alpha)$$

で与えられる．高次元の胞体についても同様である．こうして上記の群のホモロジーの定義が，胞複体の通常のホモロジーの定義に由来するものであることが了解されると思う．

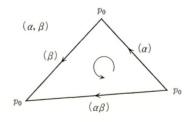

図 3.5

以上は定数係数の群のコホモロジーであるが，ねじれ係数のコホモロジーも定義される．幾何的には $K(\Gamma,1)$ 上の局所系に関するコホモロジーを考えることに相当する．ねじれ係数のコホモロジーの重要性は，これからますます高まっていくものと思われるので，ここで定義を述べておく．

Γ を群とし，V を Γ 加群とする．すなわち，V は abel 群であり，準同型

写像
$$\Gamma \longrightarrow \mathrm{Aut}(V)$$
が与えられているものとする.
$$C_k(\Gamma; V) = C_k(\Gamma) \otimes V$$
とおき，その元を Γ の V 係数の k チェインという．境界作用素
$$C_k(\Gamma; V) \longrightarrow C_{k-1}(\Gamma; V)$$
は
$$\partial((g_1, \cdots, g_k) \otimes v) = (g_2, \cdots, g_k) \otimes g_1^{-1} v - (g_1 g_2, g_3, \cdots, g_k) \otimes v + \cdots$$
$$+ (-1)^{k-1} (g_1, \cdots, g_{k-2}, g_{k-1} g_k) \otimes v$$
$$+ (-1)^k (g_1, \cdots, g_{k-1}) \otimes v$$

と定義する. $k=1$ のとき $\partial((g) \otimes v) = g^{-1} v - v \in V$ とする. このとき $\partial \circ \partial = 0$ となることが簡単に確かめられ, したがって, $C_*(\Gamma; V) = \oplus_k C_k(\Gamma; V)$ はチェイン複体となる. そこで
$$H_*(\Gamma; V) = H_*(C_*(\Gamma; V))$$
とおき, これを Γ の V 係数のホモロジーという. つぎに
$$C^k(\Gamma; V) = \mathrm{Hom}(C_k(\Gamma), V)$$
の元を Γ の V 係数の k コチェインという. 双対境界作用素
$$\delta: C^k(\Gamma; V) \longrightarrow C^{k+1}(\Gamma; V)$$
は
$$(\delta f)(g_1, \cdots, g_k) = g_1 f(g_2, \cdots, g_k) - f(g_1 g_2, g_3, \cdots, g_k) + \cdots$$
$$+ (-1)^{k-1} f(g_1, \cdots, g_{k-2}, g_{k-1} g_k)$$
$$+ (-1)^k f(g_1, \cdots, g_{k-1})$$

により与えられる. $k=0$ のときは $f = v \in V$ とするとき $\delta f(g) = gv - v$ とする. これにより $C^*(\Gamma; V) = \oplus_k C^k(\Gamma; V)$ はコチェイン複体となる. そこで
$$H^*(\Gamma; V) = H^*(C^*(\Gamma; V))$$
とおき, これを Γ の V 係数のコホモロジーという. とくに $k=0$ に対しては
$$H_0(\Gamma; V) = V/\Gamma,$$

$$H^0(\varGamma;V) = V^\varGamma = \{v \in V;\ 任意の\ g \in \varGamma\ に対し\ gv = v\}$$

となる．ただし，$V/\varGamma$ は $V, \varGamma$ の任意の元 v, g に対して v と gv とを同一視することにより誘導される V の商加群を表す．

（c） 葉層 S^1 バンドルの特性類

S^1 のモデルとして平面上の単位円周を使えば，$SO(2)$ は $\mathrm{Diff}_+ S^1$ の部分群となる．よく知られているように包含写像 $SO(2) \subset \mathrm{Diff}_+ S^1$ はホモトピー同値となる．したがって $B\mathrm{Diff}_+ S^1 = K(\mathbb{Z}, 2)$ となり，$\overline{\mathrm{Diff}}_+ S^1$ は $\mathrm{Diff}_+ S^1$ の普遍被覆群 $\widetilde{\mathrm{Diff}}_+ S^1$ とホモトピー同値となる．また $B\overline{\mathrm{Diff}}_+ S^1 = B\widetilde{\mathrm{Diff}}_+^\delta S^1$ となる．これらのことから，種々の S^1 バンドルの特性類の理論は比較的簡明となる．この項では，それらについて知られている結果を簡単にまとめてみる．

結論からいえば，つぎの図式において左から右への三つの準同型はすべて単射となる．

$$(3.18) \quad \begin{array}{ccc}
H^*_{GF}(S^1) \cong \mathbb{R}[\alpha] \otimes E(\beta) & \longrightarrow & H^*(B\overline{\mathrm{Diff}}_+ S^1;\mathbb{R}) \\
\uparrow & & \uparrow \\
H^*_c(\mathfrak{X}(S^1), SO(2)) \cong \mathbb{R}[\alpha,\chi]/(\alpha\chi) & \longrightarrow & H^*(B\mathrm{Diff}_+^\delta S^1;\mathbb{R}) \\
\uparrow & & \uparrow \\
\mathbb{R}[\chi] & \longrightarrow & H^*(B\mathrm{Diff}_+ S^1;\mathbb{R})
\end{array}$$

まず第一行の $H^*_{GF}(S^1)$ の決定は Gel'fand–Fuks による（論文[22]参照）．ここで α, β はそれぞれ 2, 3 次のコサイクルであり，つぎのように記述される．S^1 上のベクトル場 X, Y, Z を $X = f\dfrac{\partial}{\partial t},\ Y = g\dfrac{\partial}{\partial t},\ Z = h\dfrac{\partial}{\partial t}$ と表したとき

$$\alpha(X,Y) = \int_{S^1} \begin{vmatrix} f' & f'' \\ g' & g'' \end{vmatrix} dt, \quad \beta(X,Y,Z) = \int_{S^1} \begin{vmatrix} f & f' & f'' \\ g & g' & g'' \\ h & h' & h'' \end{vmatrix} dt$$

とおく．これらのコサイクルは Godbillon–Vey 類と密接な関係がある．具体的には α は葉層 S^1 バンドルの Godbillon–Vey 類をファイバー積分して得られる 2 次元コホモロジー類であり，β は葉層 S^1 積の Godbillon–Vey 類をバ

§3.6 平坦バンドルの特性類 II ── 137

ンドルの自明化に伴う切断で底空間に引き戻して得られる 3 次元コホモロジー類である．したがって §3.2 の Thurston の結果から直ちに α が(実解析的カテゴリーで)連続変化することがわかる．Thurston はさらに C^∞ カテゴリーで α の任意のべき α^k も連続変化することを示した．この結果と上記の β と Godbillon–Vey 類との関係を使えば，$\alpha^k \beta$ も同様に連続変化することが容易に示せる．

第二，三行の χ は向き付けられた S^1 バンドルの Euler 類である．これについては，Mather と Thurston の結果[48], [62] と Sullivan [59]による自由な道の空間 $\mathrm{Map}(S^1, M)$ のモデルを使ったある議論により，Euler 類の任意のべき χ^k が $H^{2k}(\mathrm{BDiff}_+^\delta S^1; \mathbb{R})$ の中で自明でないことを証明することができる．しかし α, χ の 2 次以上のべきが 0 でないような実解析的な葉層 S^1 バンドルが存在するかどうかは，重要な未解決問題である．

一方，Thurston の構成を使えば，α の誘導する不連続不変量
$$H_{2k}(\mathrm{BDiff}_+^\delta S^1; \mathbb{Z}) \longrightarrow S_\mathbb{Q}^k(\mathbb{R})$$
は任意の k に対して全射となることが証明できる．しかし β に関する同様の問題は，§3.5(b)ですでに述べた Godbillon–Vey 類の誘導する不連続不変量の問題と同等であり，未解決である．

問題 Gel'fand–Fuks の特性類 α, β の誘導する写像
$$H_*(\widetilde{\mathrm{BDiff}}_+^\delta S^1; \mathbb{Z}) \longrightarrow H_*(K(\mathbb{R}, 2) \times K(\mathbb{R}, 3); \mathbb{Z})$$
の核および像を決定せよ．

(d) Godbillon–Vey 類を表す Thurston コサイクル

この章の最後に，葉層 F バンドルの Godbillon–Vey 類を表す Thurston コサイクルと呼ばれるものを記しておく．F を向き付けられた q 次元の閉多様体とするとき，向き付けられた葉層 F バンドルの分類空間は $\mathrm{BDiff}_+^\delta F$ となる．したがって，Godbillon–Vey 類(§3.4(b)参照)をファイバー積分することによりコホモロジー類 $\mathrm{gv} \in H^{q+1}(\mathrm{Diff}_+^\delta F; \mathbb{R})$ が定義される．

定理 3.39(Thurston) v を F の体積要素とする．任意の元 $f \in \mathrm{Diff}_+ F$

に対して関数 $\mu(f) > 0$ を等式 $f^*v = \mu(f)v$ により定義する．このとき，gv $\in C^{q+1}(\mathrm{Diff}^\delta_+ F; \mathbb{R})$ を

$$\mathrm{gv}(f_1, \cdots, f_{q+1}) = \int_F \log \mu(f_{q+1})\, d\log \mu(f_q f_{q+1}) \cdots d\log \mu(f_1 \cdots f_{q+1})$$

により定義すれば，これは上記のコホモロジー類 gv $\in H^{q+1}(\mathrm{Diff}^\delta_+ F; \mathbb{R})$ を表す群コサイクルとなる． □

$F = S^1$ の場合には Thurston コサイクルはつぎのように記述される．$f \in \mathrm{Diff}_+ S^1$ を周期的な微分同相 $f \in \mathrm{Diff}_+ \mathbb{R}$ として表し，体積要素としては dt を選べば $\mu(f) = Df$ となる．ここで Df は f の導関数を表す．したがって

$$\mathrm{gv}(f, g) = \int_{S^1} \log Dg\, D\log D(fg)\, dt$$

が gv を表すコサイクルとなる．ここで

$$\mathrm{gv}(f, g) = \frac{1}{2} \int_{S^1} \begin{vmatrix} \log Dg & \log D(fg) \\ D\log Dg & D\log D(fg) \end{vmatrix} dt$$

と変形すれば，Thurston コサイクルが前項 (c) の Gel'fand–Fuks のコサイクル α を大局化したものであり，逆に後者は前者の無限小版であることがある程度了解されるだろう．

曲面バンドルの特性類 4

　この章では曲面バンドル，すなわち向き付けられた閉曲面をファイバーとするファイバーバンドルの特性類の理論について，基礎的な部分の解説をする．大きく分けると，閉曲面の種数が $0, 1$ そして 2 以上の場合で様相がかなり異なる．ここでは主として最も重要な場合である種数が 2 以上の曲面バンドルについて考察する．

　特性類の定義に必要なのは，向き付けられた実 2 次元ベクトルバンドルの Euler 類（あるいは実質的に同じことだが複素直線バンドルの第一 Chern 類）と，ファイバーバンドルのコホモロジーに関する，Gysin 準同型写像あるいはファイバー積分と呼ばれるある種の操作である．またこうして定義された特性類が自明でないことの証明には，多様体の分岐被覆が重要な役割を果たす．これらの事項についても，簡単な解説をする．

§4.1　写像類群と曲面バンドルの分類

(a)　微分可能ファイバーバンドルの特性類

　この章の主題である曲面バンドルに入る前に，一般的な事柄を少しだけ述べることにする．F を C^∞ 多様体とする．このとき，与えられた多様体 M 上に F をファイバーとする微分可能なファイバーバンドル，略して F バンドル

$$\pi: E \longrightarrow M$$

がどのくらい存在するか,というのは基本的な問いである.このようなファイバーバンドルの構造群は,F の C^∞ 微分同相全体の作る群 $\mathrm{Diff}\,F$ に C^∞ 位相を入れた位相群である.したがって,その分類空間を $\mathrm{BDiff}\,F$ と書けば,一般論により自然な1対1対応

$$\{M 上の F バンドルの同型類\} \cong [M, \mathrm{BDiff}\,F]$$

が存在することになる.ここで右辺は M から $\mathrm{BDiff}\,F$ への連続写像のホモトピー類全体の集合を表す.たとえば M が n 次元球面 S^n の場合には,自然な同一視

$$[S^n, \mathrm{BDiff}\,F] \cong \pi_n(\mathrm{BDiff}\,F)/\pi_1(\mathrm{BDiff}\,F)$$
$$\cong \pi_{n-1}(\mathrm{Diff}\,F)/\pi_0(\mathrm{Diff}\,F)$$

から,$\mathrm{BDiff}\,F$ あるいは $\mathrm{Diff}\,F$ のホモトピー群を知る必要がでてくる.とくに $n=1$ のときは,$[S^1, \mathrm{BDiff}\,F]$ は $\mathrm{Diff}\,F$ の連結成分の作る群 $\pi_0(\mathrm{Diff}\,F)$ の共役類の全体の集合と同一視される.ところが,残念ながら一般の F に対してこれらの群を決定することはほとんど不可能とも言える.$[M, \mathrm{BDiff}\,F]$ を決定することはさらに難しい問題となる.

そこで次善の策ではあるが,同じ多様体上に与えられた二つの F バンドルが同型かそうでないかを判断する方法が求められる.その一つが F バンドルの**特性類**(characteristic classes of F-bundles)である.

定義4.1 A を abel 群とし,k を負でない整数とする.任意に与えられた F バンドル $\pi: E \to M$ に対して,底空間のコホモロジーの元 $\alpha(\pi) \in H^k(M; A)$ が定義され,それがバンドル写像に関して自然であるとき,$\alpha(\pi)$ を F バンドルの A 係数の次数 k の**特性類**という.ただしバンドル写像に関して自然であるとは,任意に与えられた二つの F バンドル $\pi_i: E_i \to M_i$ $(i=1,2)$ の間のバンドル写像

$$\begin{array}{ccc} E_1 & \xrightarrow{\tilde{f}} & E_2 \\ \pi_1 \downarrow & & \downarrow \pi_2 \\ M_1 & \xrightarrow{f} & M_2 \end{array}$$

に対して等式
$$\alpha(\pi_1) = f^*(\alpha(\pi_2))$$
がみたされることをいう. □

分類空間の言葉を使えば, $\alpha \in H^k(\mathrm{BDiff}\, F; A)$ と書くことができる. そして $f: X \to \mathrm{BDiff}\, F$ を $\pi: E \to M$ の分類写像とするとき, $\alpha(\pi) = f^*(\alpha)$ となる. すなわち, F バンドルの特性類とは $\mathrm{BDiff}\, F$ のコホモロジー群の元のことに他ならない. 定義から直ちに, 同じ底空間上の二つの F バンドルの特性類が異なれば, それらは同型ではないことがわかる. したがって, できるだけ多くの特性類を定義することが期待される.

(b) 曲面バンドル

コンパクトで境界のない 2 次元の連結 C^∞ 多様体を, 単に閉曲面と呼ぶことにする. 閉曲面の分類は 20 世紀初頭にはすでに終わっており, よく知られているように向き付け可能か否かということと, Euler 数とが完全な不変量となる. とくに, 向き付け可能な閉曲面の微分同相類は, 系列
$$S^2, \quad T^2, \quad \Sigma_g \ (g = 2, 3, \cdots)$$
によって尽くされている. ここで S^2, T^2 はそれぞれ 2 次元の球面とトーラスを表し, また Σ_g は種数 g の向き付け可能な閉曲面を表すものとする. もちろん $\Sigma_0 = S^2$, $\Sigma_1 = T^2$ である. 以後 Σ_g には一つ向きが指定されているものとする.

定義 4.2 Σ_g をファイバーとする微分可能なファイバーバンドルを, 曲面バンドル(surface bundle), あるいは Σ_g バンドル(Σ_g-bundle)と呼ぶ. □

$\pi: E \to M$ を Σ_g バンドルとする. このとき, 全空間 E 上の接ベクトルでファイバーに接するものの全体, すなわち
$$\xi = \{X \in TE; \pi_*(X) = 0\}$$
は E 上の 2 次元ベクトルバンドルとなる. ξ を与えられた Σ_g バンドルのファイバー方向の接バンドル(tangent bundle along the fiber)という. ξ を $T\pi$ と書く場合もある. この概念はファイバーが曲面である必要はなく, 一般の C^∞ 多様体の場合にも定義される.

定義 4.3 ファイバー方向の接バンドル $T\pi$ が向き付け可能となるような曲面バンドル $\pi: E \to M$ を，向き付け可能な曲面バンドルという．また $T\pi$ に一つ向きを指定した曲面バンドルを，**向き付けられた曲面バンドル**(oriented surface bundle) という． □

本書では以後，曲面バンドルあるいは Σ_g バンドルといえば，すべて向き付けられた曲面バンドルを表すものとする．またそれらの間のバンドル写像も，各ファイバーの向きを保つもののみを考えることにする．

定義 4.4 同じ多様体上の二つの向き付けられた Σ_g バンドル $\pi_i: E_i \to M$ $(i=1,2)$ は，ファイバーバンドルとしての同型 $E_1 \cong E_2$ で，各ファイバーの上の向きを保つものが存在するとき，互いに同型であるという． □

このとき基本的な問題は，

   与えられた多様体上の Σ_g バンドルの同型類全体の集合を決定せよ

というものとなる．Σ_g の向きを保つ微分同相写像の全体に，C^∞ 位相を入れた位相群を

$$\mathrm{Diff}_+ \Sigma_g$$

と書くことにすれば，これは Σ_g バンドルの構造群となる．$g=0$ のとき，すなわち球面に対しては自然な包含写像

$$SO(3) \subset \mathrm{Diff}_+ S^2$$

はホモトピー同値であることが Smale [57] によって証明されている．このことから，任意の S^2 バンドルはすべて，ある一意的に定まる 3 次元の向き付けられたベクトルバンドルに同伴する球面バンドルとなることがわかる．したがって，与えられた多様体 M 上の S^2 バンドルの分類は，M 上の 3 次元ベクトルバンドルの分類と同値になる．この問題は，分類空間 $BSO(3)$ のホモトピー型がわかっているので，解決済みといってよい．

3 次元球面に対しても，包含写像 $SO(4) \subset \mathrm{Diff}_+ S^3$ はホモトピー同値となることが Hatcher [35] によって証明されている．したがって，この場合も分類問題は解決済みである．しかし高次元の奇数次元球面に対しては，同様のことはもはや成立しないことが Farrell と Hsiang [21] によって証明された．

(c) 曲面の写像類群

一般に F を C^∞ 多様体とするとき，$\mathrm{Diff}\, F$ の連結成分全体の作る群，すなわち
$$\pi_0(\mathrm{Diff}\, F)$$
を F の **diffeotopy 群**(diffeotopy group)という．本書ではこれを $\mathcal{D}(F)$ と書くことにする．$\mathrm{Diff}\, F$ の単位元の連結成分を $\mathrm{Diff}_0 F$ とすれば
$$\mathcal{D}(F) = \mathrm{Diff}\, F / \mathrm{Diff}_0 F$$
である．あるいは，つぎのようにも言い換えられる．

定義 4.5 C^∞ 多様体 F の二つの微分同相 $\varphi, \psi \in \mathrm{Diff}\, F$ は，C^∞ 写像
$$\Phi : F \times [0,1] \longrightarrow F$$
で，任意の $t \in [0,1]$ に対して $\Phi(\ ,t) : F \times \{t\} \to F$ が微分同相であり，かつ $\Phi(\ ,0) = \varphi$，$\Phi(\ ,1) = \psi$ となるものが存在するとき，互いに**イソトープ**(isotopic)であるという． □

イソトープという関係は同値関係であること，また二つの微分同相が互いにイソトープであることと，それらが $\mathrm{Diff}\, F$ の同じ連結成分に属することは同値であることがわかる．したがって，$\mathcal{D}(F)$ は F の微分同相のイソトピー類全体の作る群ということができる．(a)項の記述から，自然な同一視
$$\{S^1 \text{ 上の } F \text{ バンドルの同型類}\} \cong \{\mathcal{D}(F) \text{ の共役類}\}$$
が存在することになる．

さて閉曲面 Σ_g の向きを保つ diffeotopy 群 $\mathcal{D}_+(\Sigma_g)$ を $\mathcal{M}_g$ と書き，これを Σ_g の**写像類群**(mapping class group)と呼ぶ．すなわち
$$\mathcal{M}_g = \pi_0(\mathrm{Diff}_+ \Sigma_g)$$
である．後に §4.2 (b) で述べるように，写像類群 $\mathcal{M}_g$ は Σ_g 上の複素構造に関する Teichmüller 理論においても重要な役割を演じる．そのため，$\mathcal{M}_g$ は **Teichmüller モジュラー群**(Teichmüller modular group)とも呼ばれる．

定義から明らかなようにイソトピーという関係はホモトピーよりもはるかに強い．しかし，2次元すなわち曲面の場合にはそれらは同値であることが古典的に知られている．したがって，$\mathcal{M}_g$ は Σ_g の向きを保つ微分同相のホ

モトピー類全体のなす群ということもできる.さらに強く,$\mathcal{M}_g$ は Σ_g の向きを保つホモトピー同値写像のホモトピー類全体のなす群とも自然に同型となる.実際 20 世紀前半に活躍した Nielsen 以来,自然な同型

$$\mathcal{M}_g \cong \mathrm{Out}_+\pi_1(\Sigma_g) = \mathrm{Aut}_+\pi_1(\Sigma_g)/\mathrm{Inn}\,\pi_1(\Sigma_g)$$

が存在することが知られている.ここで,$\mathrm{Aut}_+\pi_1(\Sigma_g)$ は $\pi_1(\Sigma_g)$ の自己同型群の元で,$H_2(\Sigma_g;\mathbb{Z}) = H_2(\pi_1(\Sigma_g);\mathbb{Z})$ に自明に作用するもの全体からなる指数 2 の正規部分群であり,$\mathrm{Inn}\,\pi_1(\Sigma_g)$ は内部自己同型全体のつくる正規部分群である.

写像類群とそれに関連する基礎的な事項については[3]を参照してほしい.

(d) 写像類群の曲面のホモロジー群への作用

種数 g の閉曲面の写像類群 $\mathcal{M}_g$ は,微分同相群 $\mathrm{Diff}_+\Sigma_g$ の自然な商群であるから,曲面の上の種々の構造のなす空間に作用する.ここでは,その最も簡単でかつ重要な場合として,曲面のホモロジー群への作用を調べることにする.

よく知られているように,Σ_g の 1 次元ホモロジー群は階数が $2g$ の自由 abel 群

$$H_1(\Sigma_g;\mathbb{Z}) \cong \mathbb{Z}^{2g}$$

となる.二つのホモロジー類 $u,v \in H_1(\Sigma_g;\mathbb{Z})$ が与えられると,それらの**交叉数**(intersection number)$u \cdot v \in \mathbb{Z}$ が定義される.すなわち,u,v を Σ_g 上の互いに一般の位置にある二つの向き付けられた閉曲線で表したとき,それらの交点の数を符号つきで数えたものである.交叉数 $u \cdot v$ は u,v 双方について線形であり,また $v \cdot u = -u \cdot v$ となる.したがって交叉数は,歪対称な双一次形式(skew symmetric bilinear form)

$$\mu: H_1(\Sigma_g;\mathbb{Z}) \otimes H_1(\Sigma_g;\mathbb{Z}) \longrightarrow \mathbb{Z}$$

を誘導する.さらにこの双一次形式は非退化(nondegenerate)である.すなわち,すべての v について $u \cdot v = 0$ となるのは,$u = 0$ の場合に限る.実際 Poincaré の双対定理により,交叉数の誘導する自然な写像

$$H_1(\Sigma_g;\mathbb{Z}) \ni u \longmapsto u^* \in H^1(\Sigma_g;\mathbb{Z}) \cong \mathrm{Hom}(H_1(\Sigma_g;\mathbb{Z}),\mathbb{Z})$$

$(u^*(v) = u \cdot v)$ は同型となる.

図 4.1 のように,$H_1(\Sigma_g;\mathbb{Z})$ の基底 $x_1,x_2,\cdots,x_g,y_1,y_2,\cdots,y_g$ を選べば,交叉数に関して等式
$$x_i \cdot x_j = y_i \cdot y_j = 0, \quad x_i \cdot y_j = \delta_{ij}$$
がみたされる.

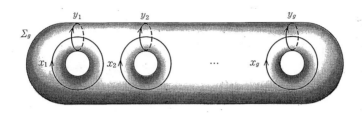

図 4.1 シンプレクティック基底

このような性質をもつ基底を**シンプレクティック基底**(symplectic basis)という.シンプレクティック基底は無限に存在する.たとえば容易に確かめられるように,上記において x_1 を x_1+y_1 におきかえたものもシンプレクティック基底となる.

さて $\mathcal{M}_g$ は Σ_g の向きを保つ写像類のみを元としているので,その $H_1(\Sigma_g;\mathbb{Z})$ への作用は明らかに交叉数を保つ.したがって,自然な準同型写像
$$\rho: \mathcal{M}_g \longrightarrow \mathrm{Aut}(H_1(\Sigma_g;\mathbb{Z});\mu)$$
が定義される.この準同型写像を具体的に行列で表現するために,$H_1(\Sigma_g;\mathbb{Z})$ のシンプレクティック基底 $x_1,x_2,\cdots,x_g,y_1,y_2,\cdots,y_g$ を一つ固定する.このとき,任意の元 $\varphi \in \mathcal{M}_g$ の ρ による像 $\rho(\varphi)$ は整数を成分とする $2g \times 2g$ 行列で表されることになる.そこで交叉数を保つという条件を,この行列の言葉で書いてみよう.

二つのホモロジー類 $u,v \in H_1(\Sigma_g;\mathbb{Z})$ を上の基底に関し
$$u = u_1 x_1 + \cdots + u_g x_g + u_{g+1} y_1 + \cdots + u_{2g} y_g$$
$$v = v_1 x_1 + \cdots + v_g x_g + v_{g+1} y_1 + \cdots + v_{2g} y_g$$
と表示する.このとき
$$u \cdot v = u_1 v_{g+1} + \cdots + u_g v_{2g} - u_{g+1} v_1 - \cdots - u_{2g} v_g$$

となる．そこで行列 $J \in GL(2g,\mathbb{Z})$ を
$$J = \begin{pmatrix} O & I \\ -I & O \end{pmatrix}$$
と定義する．ただし，O, I はそれぞれ $g \times g$ の零行列および単位行列を表す．この行列を使えば，交叉数は
$$u \cdot v = (u, Jv)$$
と簡明に表される．ここで $(\ ,\ )$ は $\mathbb{R}^{2g}$ の通常の内積を表す．さて $\rho(\varphi)$ $(\varphi \in \mathcal{M}_g)$ を表す行列を $A \in GL(2g,\mathbb{Z})$ とすれば，任意のホモロジー類 $u, v \in H_1(\Sigma_g; \mathbb{Z}) \cong \mathbb{Z}^{2g}$ に対して等式
$$Au \cdot Av = u \cdot v$$
が成立する．一方
$$Au \cdot Av = (Au, JAv) = (-{}^t AJAu, v)$$
$$u \cdot v = (u, Jv) = (-Ju, v)$$
となる．ここで ${}^t J = -J$ であることを使った．したがって
$${}^t AJA = J$$
という条件が得られる．

そこで $GL(2g,\mathbb{Z})$ の部分群 $Sp(2g,\mathbb{Z})$ を
$$Sp(2g,\mathbb{Z}) = \{A \in GL(2g,\mathbb{Z});\ {}^t AJA = J\}$$
により定義すれば，$\mathcal{M}_g$ の $H_1(\Sigma_g; \mathbb{Z})$ への作用は，準同型写像
$$\rho: \mathcal{M}_g \longrightarrow Sp(2g,\mathbb{Z})$$
により表現されることになる．この表現は，実質的には 19 世紀の終わり頃には得られていたもので，古典的に重要な表現である．さらにその頃すでにこの表現が全射であることが示されていた．

群 $Sp(2g,\mathbb{Z})$ は**整係数シンプレクティック群**(integral symplectic group)，あるいは Siegel による保型関数の理論において重要な役割を果たしたため **Siegel モジュラー群**(Siegel modular group)と呼ばれる．

$g = 1$ のときは
$$Sp(2,\mathbb{Z}) = SL(2,\mathbb{Z}) = \{A \in GL(2,\mathbb{Z});\ \det A = 1\}$$

§4.1 写像類群と曲面バンドルの分類——147

となり，また表現 $\rho: \mathcal{M}_1 \to Sp(2, \mathbb{Z})$ は同型となることが知られている．したがって
$$\mathcal{M}_1 \cong SL(2, \mathbb{Z})$$
となる．しかし，$g > 1$ の場合には ρ は大きな核をもつことが知られている．実際
$$\mathcal{I}_g = \operatorname{Ker} \rho = \{\varphi \in \mathcal{M}_g ; \rho(\varphi) = \operatorname{id}\}$$
は **Torelli 群**(Torelli group)と呼ばれ，写像類群の極めて重要な正規部分群である．これに関しては近年活発な研究がなされつつある．しかし，その構造には未解明のことが多く神秘的ともいえる群である．

この項を，つぎの基本的な群の短完全系列で締めくくることにする．
$$1 \longrightarrow \mathcal{I}_g \longrightarrow \mathcal{M}_g \xrightarrow{\rho} Sp(2g, \mathbb{Z}) \longrightarrow 1.$$

(e) 曲面バンドルの分類

(b) 項で述べたように，種数 0 の場合は，Smale により包含写像 $SO(3) \subset \operatorname{Diff}_+ S^2$ がホモトピー同値であることが証明されているので
$$B\operatorname{Diff}_+ S^2 \simeq BSO(3)$$
となる．つぎに種数が 1 の場合，すなわちトーラス T^2 をファイバーとする曲面バンドルを考えよう．$T^2 = \mathbb{R}^2/\mathbb{Z}^2$ と考えれば，T^2 は自分自身に平行移動により微分同相として作用する．したがって，T^2 は自然に $\operatorname{Diff}_+ T^2$ の単位元の連結成分 $\operatorname{Diff}_0 T^2$ の部分群となる．さらに，包含写像
$$T^2 \subset \operatorname{Diff}_0 T^2$$
は Earle–Eells [18]によってホモトピー同値となることが知られている．一方，前項に記したように同型
$$\operatorname{Diff}_+ T^2 / \operatorname{Diff}_0 T^2 = \mathcal{M}_1 \cong SL(2, \mathbb{Z})$$
が存在する．このことから，ファイバー空間
$$BT^2 \longrightarrow B\operatorname{Diff}_+ T^2 \longrightarrow BSL(2, \mathbb{Z}) = K(SL(2, \mathbb{Z}), 1)$$
が得られる．$SL(2, \mathbb{Z})$ の構造は古典的によく知られており，またホモトピー同値 $BT^2 \simeq \mathbb{CP}^\infty \times \mathbb{CP}^\infty$ が存在する．これらのことから，$B\operatorname{Diff}_+ T^2$ のコホモロジー，すなわち T^2 バンドルの特性類を計算することができるがここでは

省略する.

種数が 2 以上の場合には,状況が完全に変ってくる.すなわち上記の論文 [18] において Earle–Eells は,$\mathrm{Diff}_0 \Sigma_g$ が可縮であることを証明した.したがって
$$\mathrm{BDiff}_+ \Sigma_g = K(\mathcal{M}_g, 1)$$
となる.このことから直ちにつぎの命題が従う.

命題 4.6 $g \geqq 2$ とする.このとき,任意の C^∞ 多様体 M に対して自然な 1 対 1 対応
$$\{M\text{ 上の }\Sigma_g\text{ バンドルの同型類}\} \cong \{\text{準同型写像 } \pi_1(M) \to \mathcal{M}_g \text{ の共役類}\}$$
が存在する. □

とくに M が単連結の場合には,M 上の Σ_g バンドルはすべて自明になってしまう.しかし,与えられた群から $\mathcal{M}_g$ への準同型写像の共役類をすべて決定することは残念ながら一般にはほとんど不可能に近い.上記の命題は,分類に直接役立つというよりは,分類理論を建設する出発点と理解したほうがよい.

さて α を種数が 2 以上の Σ_g バンドルの,abel 群 A を係数とする次数が k の特性類とすれば
$$\alpha \in H^k(\mathrm{BDiff}_+ \Sigma_g; A) = H^k(K(\mathcal{M}_g, 1); A) = H^k(\mathcal{M}_g; A)$$
と書くことができる(§1.4 定義 1.57 参照).すなわち,種数が 2 以上の曲面バンドルの特性類とは,写像類群 $\mathcal{M}_g$ のコホモロジー群の元のことに他ならない.

§4.2 曲面バンドルの特性類

(a) 特性類の定義

Σ_g を向き付けられた種数 g の閉曲面とし
$$\pi: E \longrightarrow M$$
を向き付けられた Σ_g バンドルとする.π のファイバー方向の接バンドルを ξ とすれば,定義 4.3 から ξ は向き付けられた実 2 次元のベクトルバンドル

となる.したがって,その Euler 類
$$e = \chi(\xi) \in H^2(E; \mathbb{Z})$$
が定義される.負でない整数 i に対して,Euler 類 e のべき
$$e^{i+1} \in H^{2(i+1)}(E; \mathbb{Z})$$
を考え,これに Gysin 準同型写像(§4.2(c) 参照)
$$\pi_* : H^{2(i+1)}(E; \mathbb{Z}) \longrightarrow H^{2i}(M; \mathbb{Z})$$
を施して得られる底空間 M のコホモロジー類を
$$e_i(\pi) = \pi_*(e^{i+1}) \in H^{2i}(M; \mathbb{Z})$$
と書く.

定義 4.7 Σ_g バンドル $\pi : E \to M$ に対して,上記のようにして定義されるコホモロジー類 $e_i(\pi) \in H^{2i}(M; \mathbb{Z})$ を,**曲面バンドルの第 i 特性類**(i-th characteristic class of surface bundles)と呼ぶ. □

実際,e_i が曲面バンドルの特性類となること,すなわちバンドル写像に関して自然なことは,つぎのようにして簡単にわかる.任意に与えられた二つの Σ_g バンドル $\pi_i : E_i \to M_i$ ($i = 1, 2$) の間のバンドル写像を

$$\begin{array}{ccc} E_1 & \xrightarrow{\tilde{f}} & E_2 \\ \pi_1 \downarrow & & \downarrow \pi_2 \\ M_1 & \xrightarrow{f} & M_2 \end{array}$$

とする.このときバンドル写像の定義により,$\tilde{f}$ は各ファイバー上で向きを保つ微分同相写像となっている.このことから ξ_i を π_i のファイバー方向の接バンドルとすれば
$$\tilde{f}^*(\xi_2) \cong \xi_1$$
となることがわかる.したがって
$$\tilde{f}^*(e(\pi_2)) = e(\pi_1)$$
となる.Gysin 準同型写像の自然性(命題 4.8(iii))から結局
$$e_i(\pi_1) = f^*(e_i(\pi_2))$$
が成立し,確かに e_i が特性類であることが示された.したがって,§4.1(e) の記述から,$g \geq 2$ の場合には

$$e_i \in H^{2i}(\mathrm{BDiff}_+ \Sigma_g; \mathbb{Z}) = H^{2i}(\mathcal{M}_g; \mathbb{Z})$$
と書くことができる.すなわち,e_i は写像類群 $\mathcal{M}_g$ の次数 $2i$ のコホモロジー群の元と見なすことができるのである.

(b) 曲面バンドルの特性類と Riemann 面のモジュライ空間

曲面の写像類群は,Riemann 面のモジュライ空間と呼ばれる重要な空間と密接な関係をもっている.とくに曲面バンドルの特性類は $\mathbb{Q}$ 上ではモジュライ空間のコホモロジー群の元と思うことができる.この項ではこれらの関連について簡単に述べることにする.

Riemann 面とはその名の通り Riemann によって導入された概念で,一変数の多価解析関数が一価関数と見なせるように定義域を改変して得られる曲面のことである.しかし,ここでは簡単に複素構造の入った(実2次元の)曲面のことを Riemann 面と呼び,とくに複素構造の入った Σ_g を種数 g の Riemann 面と呼ぶことにする.種数 g の Riemann 面の双正則同値類の全体を $\mathbf{M}_g$ と書き,これを種数 g の **Riemann 面のモジュライ空間**(moduli space of Riemann surfaces)という.

$\mathbf{M}_g$ はつぎのように定義することもできる.Σ_g 上の複素構造で,その向きが Σ_g の与えられた向きに一致するもののイソトピー類の全体を $\mathcal{T}_g$ と書き,これを種数 g の **Teichmüller 空間**(Teichmüller space)という.$\mathcal{T}_g$ には写像類群 $\mathcal{M}_g$ が自然に作用する.このとき自然な同一視
$$\mathbf{M}_g = \mathcal{T}_g / \mathcal{M}_g$$
が存在する.Teichmüller 空間はその名の通り Teichmüller によって1930年代に導入された空間である.§4.1(c) で述べたように,上記の事実から写像類群のことを **Teichmüller モジュラー群**(Teichmüller modular group)ともいう.$\mathcal{T}_g$ については多くのことが知られているが([37]参照),ここでは基本的な二つの事実のみを述べることにする.すなわち,$g \geqq 2$ のとき $\mathcal{T}_g$ は $\mathbb{R}^{6g-6}$ と同相になり,また $\mathcal{M}_g$ の $\mathcal{T}_g$ への作用は真性不連続(properly discontinuous)となることが知られている.これらのことから,自然な連続写像
$$\mathrm{BDiff}_+ \Sigma_g \longrightarrow \mathbf{M}_g$$

§4.2 曲面バンドルの特性類——151

がホモトピーの意味で一意的に存在して，それは有理コホモロジー群の同型 $H^*(\mathbf{M}_g; \mathbb{Q}) \cong H^*(\mathrm{BDiff}_+\Sigma_g; \mathbb{Q}) = H^*(\mathcal{M}_g; \mathbb{Q})$ を誘導することがわかる．こうして，Riemann 面の理論で重要なモジュライ空間と，トポロジーで重要な曲面バンドルの分類空間とが非常に近い空間であることがわかった．

以上のことを少し異なる観点から見てみよう．まず一般に C^∞ 多様体 F 上の Riemann 計量全体の空間 $\mathcal{R}(F)$ を考える．Riemann 計量とは F の各点 p における接空間 T_pF 上の内積，すなわち正値な対称双一次形式で p について C^∞ 級のもののことである．ところで一般に $\mathbb{R}$ 上の有限次元ベクトル空間の内積全体の空間は，その任意の 2 点を線分で結ぶことができる．なぜならば，μ_0, μ_1 を二つの内積とするとき，それらの一次結合 $(1-t)\mu_0+t\mu_1$ $(t\in[0,1])$ もまた内積となるからである．このことから $\mathcal{R}(F)$ は可縮となることがわかる．ところで $F=\Sigma_g$ の場合には，Gauss 曲率を K とするとき $g=0, 1, \geqq 2$ に応じてそれぞれ $K\equiv 1, 0, -1$ となるような Σ_g 上の定曲率計量の全体が作る $\mathcal{R}(\Sigma_g)$ の部分空間 $\mathcal{R}_0(\Sigma_g)$ が考えられる．

$g\geqq 2$ の場合には，$\mathcal{R}_0(\Sigma_g)$ は $\mathcal{R}(\Sigma_g)$ の自然な強変位レトラクトとなることがつぎのようにしてわかる．まず Σ_g 上の任意の計量は古典的によく知られた等温座標を経由して Σ_g 上の複素構造を定める．つぎに $g\geqq 2$ という仮定から，Σ_g 上の複素構造は上半平面 $\mathbb{H}$ のある離散表現 $\pi_1(\Sigma_g) \to PSL(2, \mathbb{R})$ による商空間として得られることが知られている．一方 $PSL(2, \mathbb{R})$ は $\mathbb{H}$ の双正則自己同型全体の群であると同時に，Poincaré 計量に関する(向きを保つ)等長変換全体のなす群でもある．したがって，Σ_g 上の複素構造は負の定曲率計量と同等な概念となり，$\mathcal{R}_0(\Sigma_g)$ は Σ_g 上の複素構造全体の空間と同一視できることがわかる．こうして $\mathcal{R}(\Sigma_g)$ 上の任意の点すなわち Σ_g 上の計量は，複素構造を経由して，それと共形的に同値な $\mathcal{R}_0(\Sigma_g)$ の点すなわち定曲率計量を一意的に定めることがわかった．

任意に与えられた Σ_g バンドル $\pi: E\to M$ の各ファイバー E_p $(p\in E)$ に計量を入れれば，E_p は Riemann 計量の入った向き付けられた曲面となる．上記のことからこの計量は E_p 上の Riemann 面の構造を一意的に定める．これらの構造を各ファイバーについて考えれば，$\pi: E\to M$ は M 上の **Riemann**

面の族(family of Riemann surfaces)となる.各点 $p \in M$ に対して Riemann 面 $E_p \in \mathbf{M}_g$ を対応させれば,写像
$$f: M \longrightarrow \mathbf{M}_g$$
が定まる.この写像のホモトピー類は,はじめの Riemann 計量の取り方によらないことが簡単にわかる.この操作を普遍な Σ_g バンドル $\pi:\mathrm{EDiff}_+\Sigma_g \to \mathrm{BDiff}_+\Sigma_g$ に対して行えば,連続写像
$$\mathrm{BDiff}_+\Sigma_g \longrightarrow \mathbf{M}_g$$
が得られる.

Riemann 面のモジュライ空間 $\mathbf{M}_g$ は代数幾何学において極めて重要な空間であり,Mumford を初めとする数学者によりこれまでに多くの深い結果が得られてきている([29], [34]参照).Mumford の仕事の一つに $\mathbf{M}_g$ の Chow 代数 $A^*(\mathbf{M}_g)$ の理論の創始がある([54]).そこで Mumford は,一連の元
$$\kappa_i \in A^i(\mathbf{M}_g) \quad (i=1,2,\cdots)$$
を定義した.これらの元は有理コホモロジー群への射影 $A^*(\mathbf{M}_g) \to H^{2*}(\mathbf{M}_g;\mathbb{Q})$ と自然な同型 $H^*(\mathbf{M}_g;\mathbb{Q}) \cong H^*(\mathcal{M}_g;\mathbb{Q})$ を通して,(a)項で定義した曲面バンドルの特性類 $e_i \in H^*(\mathcal{M}_g;\mathbb{Q})$ の $(-1)^{i+1}$ 倍に対応することが定義から直ちにわかる.κ_i は実は $\mathbf{M}_g$ の Deligne–Mumford コンパクト化と呼ばれる空間 $\overline{\mathbf{M}}_g$ の Chow 代数 $A^*(\overline{\mathbf{M}}_g)$ の元として定義される.

κ_i あるいは e_i はモジュライ空間の **tautological** 類あるいは **Mumford–Morita–Miller** 類(Mumford-Morita-Miller class)と呼ばれる.

(c) Gysin 準同型写像

(a)項で曲面バンドルの特性類の定義を与えたが,そこでは Gysin 準同型写像を本質的に用いた.この準同型写像は,曲面バンドルに限らず一般の多様体の幾何学にとって極めて重要なものである.そこでこの項では Gysin 準同型写像についてまとめておく.

F を向き付けられた閉多様体とし
$$\pi: E \longrightarrow M$$
を M 上の F バンドルとする.さらに,この F バンドルは向き付けられて

いるものとする．すなわち，π のファイバー方向の接バンドル $\xi = \{X \in TE; \pi_* X = 0\}$ が向き付け可能かつ向き付けられているものとする．我々が興味のあるのは $F = \Sigma_g$ の場合であるが，Gysin 準同型写像は一般の F バンドルに対して定義することができる．上記の F バンドルのコホモロジーのスペクトル系列を $\{E_r^{p,q}\}$ とすれば，その E_2 項は
$$E_2^{p,q} \cong H^p(M; \mathcal{H}^q)$$
で与えられる．ここで $\mathcal{H}^q$ はファイバーの q 次元コホモロジー $H^q(\pi^{-1}(p); \mathbb{Z})$ $(p \in M)$ の定義する M 上の局所系を表す．さて F の次元を n とすれば，明らかに $q > n$ のとき $\mathcal{H}^q = 0$ であるから
$$E_2^{p,q} = 0 \quad (q > n)$$
となる．また仮定から $\mathcal{H}^n$ は定数の局所系 $\mathbb{Z}$ と同型となるので
$$E_2^{p,n} \cong H^p(M; \mathbb{Z})$$
となる．一方，任意の p と $r \geqq 2$ に対して準同型写像 $d_r: E_r^{p-r, n+r-1} \to E_r^{p,n}$ は自明であるから，単射準同型の系列
$$E_\infty^{p,n} \subset \cdots \subset E_3^{p,n} \subset E_2^{p,n} \cong H^p(M; \mathbb{Z})$$
が得られる．そこで，自然な射影 $H^p(E; \mathbb{Z}) \to E_\infty^{p-n, n}$ と（添え字を変えた）上記の単射との合成写像
$$H^p(E; \mathbb{Z}) \longrightarrow E_\infty^{p-n, n} \subset E_2^{p-n, n} \cong H^{p-n}(M; \mathbb{Z})$$
を改めて
(4.1) $\qquad \pi_*: H^p(E; \mathbb{Z}) \longrightarrow H^{p-n}(M; \mathbb{Z})$
と書き，これを F バンドル $\pi: E \to M$ の **Gysin 準同型写像**（Gysin homomorphism）と呼ぶ．π_* の代わりに $\pi_!$ と書く場合もある．この準同型写像は，射影 π の誘導する通常のコホモロジーの準同型写像とは逆の向きであり，しかも次数を n すなわちファイバーの次元だけ下げるものであることに注意してほしい．

ホモロジーに対しても同様に Gysin 準同型写像
(4.2) $\qquad \pi^*: H_p(M; \mathbb{Z}) \longrightarrow H_{p+n}(E; \mathbb{Z})$
が定義される．

スペクトル系列を用いた上記の議論は，Gysin 準同型写像を $\mathbb{Z}$ 上で定義す

ることが可能になることもあって,理論的には最も適しているといえよう.しかし,その幾何学的な意味はややわかりにくいものになる.この点を補うために,係数は$\mathbb{R}$上になるが de Rham 理論の枠組みの中で Gysin 準同型写像を見てみよう.それはファイバー積分(integration along the fiber)と呼ばれる de Rham 複体の間の操作

(4.3) $$\pi_* : A^p(E) \longrightarrow A^{p-n}(M)$$

により説明される.E 上の任意の p 形式は,局所的に

$$\omega = \sum_{i,j} f_{ij}(x,y)\, dx_{i_1} \wedge \cdots \wedge dx_{i_s} \wedge dy_{j_1} \wedge \cdots \wedge dy_{j_t}$$

の形に書ける微分形式の和として表すことができる.ここで $x_1,\cdots,x_m$ ($m = \dim M$) と $y_1,\cdots,y_n$ はそれぞれ M, F の局所座標で,$dy_1 \wedge \cdots \wedge dy_n$ は F の向きに一致しているものとする.また,総和記号はすべての $i = (i_1,\cdots,i_s)$,$i_1 < \cdots < i_s$,$j = (j_1,\cdots,j_t)$,$j_1 < \cdots < j_t$ で $s+t = p$ となるものをわたるものとする.このとき

$$\pi_*(\omega) = \sum_{i,j(t=n)} \left(\int_F f_{ij}(x,y) dy_1 \wedge \cdots \wedge dy_n \right) dx_{i_1} \wedge \cdots \wedge dx_{i_{p-n}}$$

とおく.これにより π_* が一意的に定義されることは簡単に確かめることができる.ファイバー積分は,外微分作用素と可換,すなわち等式

$$d \circ \pi_* = \pi_* \circ d$$

が成立する.したがってそれは準同型写像

$$\pi_* : H^p(E; \mathbb{R}) \longrightarrow H^{p-n}(M; \mathbb{R})$$

を誘導する.そしてこれはスペクトル系列を用いて定義した Gysin 準同型写像(4.1)と一致することがわかる.

底空間 M が向き付けられた閉多様体の場合には,Gysin 準同型写像にはもう一つの解釈がある.それを簡単に述べることにする.一般に,二つの向き付けられた閉多様体 N, N' の間に連続写像 $f : N \to N'$ が与えられているとする.このとき,これも Gysin 準同型写像と呼ばれる写像

$$f_* : H^p(N; \mathbb{Z}) \longrightarrow H^{p-d}(N'; \mathbb{Z})$$

が,準同型写像の合成

$$H^p(N;\mathbb{Z}) \stackrel{D}{\cong} H_{n-p}(N;\mathbb{Z}) \xrightarrow{f_*} H_{n-p}(N';\mathbb{Z}) \stackrel{(D')^{-1}}{\cong} H^{p-d}(N';\mathbb{Z})$$

として定義される．ここで $n = \dim N$, $d = \dim N - \dim N'$ であり，また D, D' はそれぞれ N, N' の Poincaré 双対写像を表すものとする．同様に，ホモロジーの Gysin 準同型写像

$$f^* : H_p(N';\mathbb{Z}) \longrightarrow H_{p+d}(N;\mathbb{Z})$$

も $f^* = D^{-1} \circ f^* \circ D'$ とおくことにより定義される．

さてもとに戻って，F バンドル $\pi: E \to M$ において M が向き付けられた閉多様体であると仮定しよう．このとき，全空間 E も向き付けられた閉多様体となる．ただし向きは積多様体 $M \times F$ の向きと局所的に同じものを入れるものとする．このとき，射影 π の上記の意味での Gysin 準同型写像

$$\pi_* : H^p(E;\mathbb{Z}) \longrightarrow H^{p-n}(M;\mathbb{Z})$$
$$\pi^* : H_p(M;\mathbb{Z}) \longrightarrow H_{p+n}(E;\mathbb{Z})$$

は，前の定義 (4.1), (4.2) と一致することがわかる．

Gysin 準同型写像の性質に関するつぎの命題は，比較的簡単に証明することができるので読者は試してみてほしい．

命題 4.8 (i) F を向き付けられた閉多様体，$\pi: E \to M$ を向き付けられた F バンドルとする．このとき，任意の $\alpha \in H^p(M;\mathbb{Z})$, $\beta \in H^q(E;\mathbb{Z})$ に対し等式

$$\pi_*(\pi^*\alpha \cup \beta) = \alpha \cup \pi_*(\beta)$$

が成立する．

(ii) 任意の $u \in H_p(M;\mathbb{Z})$, $\gamma \in H^{p+n}(E;\mathbb{Z})$ に対し

$$\langle \gamma, \pi^*(u) \rangle = \langle \pi_*(\gamma), u \rangle$$

となる．とくに (i) の仮定に加えて，M が向き付けられた閉多様体とし，また $p+q = \dim E$ とすれば

$$\langle \pi^*\alpha \cup \beta, [E] \rangle = \langle \alpha \cup \pi_*(\beta), [M] \rangle$$

となる．

(iii) Gysin 準同型写像は向き付けられた F バンドルの間のバンドル写像に関し自然である．すなわち，全空間上のコホモロジー類をバンドル写像に

より引き戻して Gysin 準同型写像を施したものと，まず Gysin 準同型写像を施して底空間上のコホモロジーとしてバンドル写像により引き戻したものとは一致する． □

つぎの補題は被覆写像に関する Gysin 準同型写像の性質の特別の場合であるが，つぎの節で使うのでここにあげておくことにする．

補題 4.9 M を向き付けられた n 次元閉多様体とする．$\pi:\widetilde{M}\to M$ を M 上の有限被覆とし，$\widetilde{M}$ には M から誘導される向きを入れておく．M のあるコホモロジー類 $\alpha\in H^k(M;\mathbb{Z})$ の Poincaré 双対 $[M]\cap\alpha\in H_{n-k}(M;\mathbb{Z})$ が，M の向き付けられた $n-k$ 次元部分多様体 B で表されているものとする．このとき，$\pi^*\alpha\in H^k(\widetilde{M};\mathbb{Z})$ の Poincaré 双対は，$\widetilde{M}$ の向き付けられた部分多様体 $\widetilde{B}=\pi^{-1}(B)$ で表される．

[証明] B の M における閉管状近傍を $N(B)$ とする．$N(B)$ は B の法バンドル ν の（適当な計量に関する）円板バンドル $D(\nu)$ と同一視することができる．$W=M\setminus\mathrm{Int}\,N(B)$ とおき，自然な写像
$$H^k(D(\nu),\partial D(\nu);\mathbb{Z})\cong H^k(N(B),\partial N(B);\mathbb{Z})$$
$$\cong H^k(M,W;\mathbb{Z})\longrightarrow H^k(M;\mathbb{Z})$$
による Thom 類 $U\in H^k(D(\nu),\partial D(\nu);\mathbb{Z})$ の像を考える．よく知られているように，それは $[B]$ の Poincaré 双対すなわち $\alpha\in H^k(M;\mathbb{Z})$ に他ならない．一方，$\pi^{-1}(N(B))$ は $\widetilde{B}$ の閉管状近傍 $N(\widetilde{B})$ となり，射影の誘導する準同型写像
$$H^k(N(B),\partial N(B);\mathbb{Z})\xrightarrow{\pi^*}H^k(N(\widetilde{B}),\partial N(\widetilde{B});\mathbb{Z})$$
により，上記の Thom 類 U は明らかに $\widetilde{B}$ の法バンドルの Thom 類に移る．補題の主張はこのことから直ちに従う． ■

§4.3 特性類の非自明性 (1)

(a) 分岐被覆

この節とつぎの節では，§4.2(a) で定義した曲面バンドルの特性類の非自明性を証明する．証明は特性類が消えない曲面バンドルの例を具体的に構成

§4.3 特性類の非自明性 (1) —— 157

することによりなされる．この項ではそのための準備として，分岐被覆について簡単に述べる．

分岐被覆(ramified covering，または branched covering)とは，被覆(covering)の概念を一般化したもので，代数多様体，複素多様体あるいは微分可能多様体などいろいろな枠組みの中での定式化がある．簡単にいえば，下の多様体の中に**分岐集合**(ramification locus，または branch locus)と呼ばれる部分集合が指定されており，それを除いたところにはふつうの意味での被覆多様体がのっている．そして，分岐集合上では上記の枠組みに応じた適当な条件がつけられているものである．

しかしここでは，分岐被覆のなかでも最も単純な**巡回分岐被覆**(cyclic ramified covering)のみを考えることにする．

m を正の整数とするとき，m 重巡回分岐被覆は，写像
$$(4.4) \qquad \mathbb{C} \ni z \longmapsto z^m \in \mathbb{C}$$
をモデルとして定義される．この写像は原点を除いた領域では，ふつうの m 重巡回被覆であるが，原点では恒等写像となっている．見方を変えれば，つぎのようにいうこともできる．位数 m の巡回群 $\mathbb{Z}/m$ は $\mathbb{C}$ に自然に作用する．すなわち，その生成元 ζ を
$$\mathbb{C} \ni z \longmapsto \exp\frac{2\pi i}{m} z \in \mathbb{C}$$
として作用させればよい．この作用は原点以外では自由であり，またその商空間は自然に $\mathbb{C}$ と同一視することができる．さらに商空間への射影
$$\mathbb{C} \longrightarrow \mathbb{C}/(\mathbb{Z}/m) \cong \mathbb{C}$$
は，上記の写像(4.4)と同等であることが容易にわかる．

さて一般の巡回分岐被覆は，局所的にはこのモデルと他の多様体との直積をとったものとして定義される．具体的には，巡回群 $\mathbb{Z}/m$ が向き付けられた C^∞ 多様体 N に向きを保ちつつ作用し，つぎの条件をみたしているものとしよう．すなわち，固定点集合
$$F = \{p \in N;\ \zeta(p) = p\}$$
は N の余次元が 2 の部分多様体であり，F を除いたところでは作用は自由

であるものとする.このとき,F の各連結成分の法バンドルへの $\mathbb{Z}/m$ の作用を調べれば,商空間 $\bar{N}=N/(\mathbb{Z}/m)$ が向き付けられた C^∞ 多様体の構造を持つことがわかる.商空間への自然な射影を

$$\pi : N \longrightarrow \bar{N}$$

とし,$\bar{F}=\pi(F)$ とおけばこれは $\bar{N}$ の余次元 2 の部分多様体となる.また $\pi: F \to \bar{F}$ は微分同相写像であり,$\pi: N \setminus F \to \bar{N} \setminus \bar{F}$ はふつうの意味での m 重巡回被覆となる.そして $\pi: N \to \bar{N}$ は F の近傍では上のモデル $F \times \mathbb{C} \ni (p,z) \mapsto (p,z^m) \in \bar{F} \times \mathbb{C}$ と同等となることが簡単にわかる.

このような状況のとき,$\pi: N \to \bar{N}$ を $\bar{F}$ において分岐する m **重巡回分岐被覆**(m-fold cyclic ramified covering)という.単に m 重分岐被覆という場合もある.

(b) 分岐被覆の構成

M を C^∞ 級の閉多様体で,向き付けられているものとする.M の余次元が 2 の向き付けられた部分多様体 $B \subset M$ が与えられたとき,B で分岐する M の m 重分岐被覆が存在するための条件を,Atiyah [1] と Hirzebruch [36] に従って考察しよう.

B の基本類が定義するホモロジー類 $[B] \in H_{n-2}(M;\mathbb{Z})$ ($n=\dim M$) の Poincaré 双対を $\alpha \in H^2(M;\mathbb{Z})$ とする.複素直線バンドルの第一 Chern 類は,自然な同一視

$$\{M \text{ 上の複素直線バンドルの同型類}\} \cong H^2(M;\mathbb{Z})$$

を誘導する.したがって,α に対応する複素直線バンドル η が M 上に存在することになるが,このバンドルはつぎのように具体的に構成することができる.B の M の中での法バンドルを ν とし,その全空間を $E(\nu)$ と書く.ν は B 上の 2 次元実ベクトルバンドルであるが,仮定により M,B はともに向き付けられているので,ν にも自然な向きが入る.したがって,ν は複素直線バンドルと思うことができる.よく知られているように,B の開管状近傍 $N(B)$ と ν 上の Hermite 計量を適当に選ぶことにより,微分同相写像

$$\varphi : N(B) \cong \{v \in E(\nu);\ \|v\|<\varepsilon\} \quad (\varepsilon>0)$$

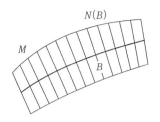 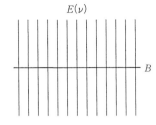

図 4.2

で，$B \subset N(B)$ は ν の 0 切断に移るものを構成することができる（図 4.2 参照）．

$\pi : E(\nu) \to B$ を射影とし
$$\pi' = \pi \circ \varphi : N(B) \longrightarrow B$$
とおく．このとき，π' による ν の引き戻し $\eta_0 = (\pi')^*(\nu)$ は $N(B)$ 上の複素直線バンドルであるが，その全空間は
$$E(\eta_0) = \{(p, v);\ p \in N(B),\ v \in \pi^{-1}(\pi'(p))\}$$
と記述することができる．このとき，自然な切断 $s : N(B) \to E(\eta_0)$ が
$$N(B) \ni p \longmapsto s(p) = (p, \varphi(p)) \in E(\eta_0)$$
とおくことにより定義される．この切断は $N(B) \setminus B$ 上決して 0 にならない．したがって，それは自明化
$$\eta_0|_{N(B) \setminus B} \cong (N(B) \setminus B) \times \mathbb{C}$$
を誘導する．そこで $W = M \setminus B$ とおき，自明なバンドル $W \times \mathbb{C}$ を上の自明化を用いて η_0 にはり合わせれば，M 上の複素直線バンドル η が得られる．具体的には $(p, z) \in (N(B) \setminus B) \times \mathbb{C}$ を $(p, zs(p)) \in E(\eta_0)$ にはり合わせるのである．このとき W 上では $s = 1$ とおくことにより η_0 の切断 s は η 上の切断に拡張される．

構成から明らかに $\eta|_B = \nu$ となる．また $s = 0$ となる点の集合はちょうど B に一致し，s の像 $\mathrm{Im}\,s$ は 0 切断 $M \subset E(\eta)$ に横断的に交わる（図 4.3 参照）．

以上の議論では，初めに M は閉多様体であると仮定した．しかし，複素ベクトルバンドル η の構成には実はこの仮定は必要ないことが示せる．

M が複素多様体で，B がその複素余次元が 1 の複素部分多様体の場合に

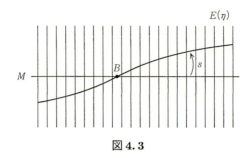

図 4.3

は,以上の構成はすべて複素解析的な枠組みの中で行うことができる.すなわち,η は M 上の正則な複素直線バンドルとなり,切断 s も正則となる.具体的にはつぎのようにすればよい.すなわち,M の座標近傍の族 U_i $(i \geqq 1)$ で $B \subset \cup_i U_i$ であり,各 i についてある座標関数 $f_i : U_i \to \mathbb{C}$ で
$$B \cap U_i = \{p \in B \cap U_i;\ f_i(p) = 0\}$$
となるものを選ぶ.また $U_0 = M \setminus B$ とおき,U_0 上の定数関数 $f_0 = 1$ を考える.このとき $f_{ij} = f_i f_j^{-1}$ とおけば $\{f_{ij}\}$ は M の開被覆 $\{U_i\}_{i \geqq 0}$ に同伴し $\mathbb{C}^*$ に値をとる1コサイクルとなる.この1コサイクルの定める正則な複素直線バンドルを η とすればよい.さらに,f_i から自然に誘導される切断を s とすれば,これは正則な切断でありまた明らかに上記の条件をみたしている.[36] には,B が二つの複素部分多様体の差として表される場合も含めた構成法が述べられている.

以上の準備のもとに,つぎの命題を証明する.

命題 4.10 ([36]) M を C^∞ 級の向き付けられた閉多様体とする.$B \subset M$ を余次元が2の向き付けられた部分多様体とし,ある正の整数 m に対して B の定めるホモロジー類 $[B] \in H_{n-2}(M; \mathbb{Z})$ が $H_{n-2}(M; \mathbb{Z})$ の中で m で割れるとする.このとき,B 上で分岐する M の m 重巡回分岐被覆 $\widetilde{M} \to M$ が存在する.

[証明] $[B] \in H_{n-2}(M; \mathbb{Z})$ の Poincaré 双対を $\alpha \in H^2(M; \mathbb{Z})$ とすれば,仮定によりある $\beta \in H^2(M; \mathbb{Z})$ が存在して $m\beta = \alpha$ となる.α に対応する M 上の複素直線バンドルを η,すなわち $c_1(\eta) = \alpha$ とすれば,切断 $s : M \to E(\eta)$ で

三つの条件
 （ⅰ） B 上では $s=0$
 （ⅱ） $M\setminus B$ 上では $s\neq 0$
 （ⅲ） $\mathrm{Im}\,s$ は 0 切断 $M\subset E(\eta)$ と横断的に交わる

をみたすものが存在する．$c_1=\beta$ となる複素直線バンドルを η' とすれば，$(\eta')^{\otimes m}=\eta$ となる．そこで写像
$$f: E(\eta')\longrightarrow E(\eta)$$
を $f(v)=v\otimes\cdots\otimes v$ $(v\in E(\eta'))$ とおくことにより定義することができる．このとき $\widetilde{M}=f^{-1}(\mathrm{Im}\,s)$ とおけば，$f:\widetilde{M}\to\mathrm{Im}\,s=M$ が求めるものである． ∎

（c） 第一特性類 e_1 の非自明性

 この項では，曲面バンドルの第一特性類 e_1 の非自明性を証明する．この証明は Atiyah [1] による議論を，高次の特性類の非自明性にも使えるように少し一般化したものである．

 第一特性類 e_1 は，向き付けられた 4 次元閉多様体の重要な不変量である指数 (signature) と密接に関係する．念のために向き付けられた $4k$ 次元の閉多様体 M の指数 $\mathrm{sign}\,M$ の定義を思い出しておく．それはカップ積の誘導する対称な双一次形式
$$H^{2k}(M;\mathbb{Q})\otimes H^{2k}(M;\mathbb{Q})\longrightarrow H^{4k}(M;\mathbb{Q})\cong\mathbb{Q}$$
の指数，すなわち正の固有値の数から負の固有値の数を引いたものである．

 さて，上記のことを見るために
$$\pi:E\longrightarrow M$$
を向き付けられた Σ_g バンドルで，その底空間 M もまたある閉曲面となっているものとしよう．このとき，全空間 E は自然に向き付けられた 4 次元閉多様体となり，したがってその指数 $\mathrm{sign}\,E$ が定義される．

命題 4.11 閉曲面 M 上の Σ_g バンドル $\pi:E\to M$ において，等式
$$\langle e_1,[M]\rangle = 3\,\mathrm{sign}\,E$$
が成立する．

 ［証明］ ξ を与えられた Σ_g バンドルのファイバー方向の接バンドル，

TE, TM をそれぞれ E, M の接バンドルとすれば
$$TE \cong \xi \oplus \pi^*(TM)$$
となる．したがって
$$p_1(E) = p_1(\xi \oplus \pi^*(TM))$$
$$= p_1(\xi) + \pi^*(p_1(M))$$
$$= \chi(\xi)^2 = e^2$$
となる．なぜならば，2次元の向き付けられた実ベクトルバンドルに対しては $p_1 = \chi^2$ であり，また明らかに $p_1(M) = 0$ となるからである．これから
$$\langle e_1, [M] \rangle = \langle e^2, [E] \rangle$$
$$= \langle p_1(E), [E] \rangle$$
$$= 3 \operatorname{sign} E$$
が得られる．ここで最初の等式は§4.2(c)の命題 4.8(ii)により，最後の等式は Hirzebruch の指数定理による． ∎

上記の命題から e_1 の非自明性を証明するためには，指数が消えない曲面上の曲面バンドルを構成すればよいことになる．このような曲面バンドルは初め小平[44]によって，複素曲面論の枠組みの中で構成された．やや遅れて，しかしこれとは独立に Atiyah [1]は同様の曲面バンドルを構成した．

まず $M_1 = \Sigma_{g_1}$ $(g_1 \geqq 2)$ とおく．M_1 の m 重巡回被覆 $\rho_1: M_2 \to M_1$ を一つ選び，$\sigma: M_2 \to M_2$ をその被覆変換群の生成元とする．M_2 の種数を g_2 とすれば $2 - 2g_2 = m(2 - 2g_1)$ から $g_2 = mg_1 - m + 1$ が得られる．つぎに $\rho_2: M_3 \to M_2$ を全射準同型写像
$$\pi_1(M_2) \longrightarrow H_1(M_2; \mathbb{Z}) \longrightarrow H_1(M_2; \mathbb{Z}/m) \cong (\mathbb{Z}/m)^{2g_2}$$
から定まる有限被覆とする．積多様体 $M_3 \times M_2$ において，写像 $\sigma^i \rho_2$ $(i = 1, \cdots, m)$ のグラフを $\Gamma_{\sigma^i \rho_2}$ とし
$$D = \Gamma_{\sigma \rho_2} + \cdots + \Gamma_{\sigma^m \rho_2}$$
とおく．ここで $\sigma^m = \mathrm{id}$ より $\Gamma_{\sigma^m \rho_2} = \Gamma_{\rho_2}$ である．M_1 に複素構造すなわち Riemann 面の構造を一つ定めれば，M_2, M_3 も Riemann 面となり，D は複素曲面 $M_3 \times M_2$ の中の(非特異な)因子(divisor)となる．しかし位相的には，D は余次元が 2 の m 個の部分多様体 $\Gamma_{\sigma^i \rho_2}$ $(i = 1, \cdots, m)$ の直和と理解すれば

§4.3 特性類の非自明性(1)

よい.

さて D のホモロジー類 $[D]$ は $H_2(M_3 \times M_2; \mathbb{Z})$ の中で m で割れることを下に示す. したがって, 命題 4.10 により D で分岐する m 重巡回被覆 $f: E \to M_3 \times M_2$ が存在することになり, 曲面バンドルの間の写像の系列からなるつぎの図式が得られる.

(4.5)

$$
\begin{array}{ccccccc}
\widetilde{D} & & D = f_2^{-1}(D_2) & & D_2 = f_1^{-1}(D_1) & & D_1 \\
\cap & & \cap & & \cap & & \cap \\
E & \xrightarrow{f} & M_3 \times M_2 & \xrightarrow{f_2} & M_2 \times M_2 & \xrightarrow{f_1} & M_1 \times M_1 \\
{\scriptstyle \pi}\downarrow & & {\scriptstyle p}\downarrow & & {\scriptstyle p}\downarrow & & {\scriptstyle p}\downarrow \\
M_3 & = & M_3 & \xrightarrow{\rho_2} & M_2 & \xrightarrow{\rho_1} & M_1
\end{array}
$$

ここで $f_1 = (\rho_1, \rho_1)$, $f_2 = (\rho_2, \mathrm{id}_{M_2})$ であり, p は第一成分への射影を表す. また $D_1 \subset M_1 \times M_1$ は対角集合であり, $D_2 = f_1^{-1}(D_1)$ である. 重要なことは $D = f_2^{-1}(D_2)$ が成立するということである. さて, $[D]$ が m で割れることを示すためには, $[D]$ の Poincaré 双対 $[D]^* \in H^2(M_3 \times M_2; \mathbb{Z})$ が m で割れることを示せばよい. そしてそのためには $[D]^*$ を $\bmod m$ したコホモロジー類 $[D]_m^* \in H^2(M_3 \times M_2; \mathbb{Z}/m)$ が 0 であることを示せば十分である. ここで §4.2(c) 補題 4.9 を使えば

$$[D]_m^* = f_2^*([D_2]_m^*) = f_2^* f_1^*([D_1]_m^*)$$

となることがわかる. 一方, Künneth の定理により, $H^2(M_1 \times M_1; \mathbb{Z})$ は直和分解

$$H^2(M_1 \times \{pt\}; \mathbb{Z}) \oplus (H^1(M_1; \mathbb{Z}) \otimes H^1(M_1; \mathbb{Z})) \oplus H^2(\{pt\} \times M_1; \mathbb{Z})$$

の形に書けるが, その元として

$$[D_1]^* = [M_1]^* \times 1 + \sum_i \alpha_i \times \beta_i + 1 \times [M_1]^*$$

と表示することができる. ここで $\alpha_i, \beta_i \in H^1(M_1; \mathbb{Z})$ は適当な元である. ところが $\rho_1^*: H^2(M_1; \mathbb{Z}/m) \to H^2(M_2; \mathbb{Z}/m)$ と $\rho_2^*: H^1(M_2; \mathbb{Z}/m) \to H^1(M_3; \mathbb{Z}/m)$ はいずれも自明な準同型写像となる. したがって, $[D]_m^* = f_2^* f_1^*([D_1]_m^*) = 0$

が得られる.

以上のようにして得られた図式(4.5)の中の写像
$$\pi : E \longrightarrow M_3$$
は M_3 上の曲面バンドルとなっている.ただし,そのファイバーは M_2 上の m 点で分岐する被覆曲面である.曲面バンドルのこの構成は,$m=2$ のときの Atiyah [1] の議論を任意の m に対して一般化したものである.Hirzebruch [36] には,これよりも種数の小さくなる構成法が述べられている.しかし,つぎの節で行う高次元への一般化のためには上記のほうが適している.

この曲面バンドルの特性類 e_1 は 0 でないことを示そう.そのために次節でも繰り返し用いるつぎの一般的な命題をまず証明しておく.

命題 4.12 $\pi: E \to M$, $\tilde{\pi}: \tilde{E} \to M$ を,同じ底空間 M 上の二つの向き付けられた曲面バンドルとする.全空間の間に写像 $f: \tilde{E} \to E$ が与えられており,それは E の余次元 2 の向き付けられた部分多様体 $D \subset E$ で分岐する m 重の巡回分岐被覆であるとする.さらに,D は π の各ファイバーとちょうど m 個の点で横断的に交わり,図式

$$\begin{array}{ccc} \tilde{D} & & D \\ \cap & & \cap \\ \tilde{E} & \xrightarrow{f} & E \\ \tilde{\pi}\downarrow & & \pi\downarrow \\ M & = & M \end{array}$$

は可換であるとする.ここで $\tilde{D} = f^{-1}(D)$ である.このとき,$D, \tilde{D}$ の Poincaré 双対をそれぞれ $\nu \in H^2(E; \mathbb{Z})$, $\tilde{\nu} \in H^2(\tilde{E}; \mathbb{Z})$ とし,また,$e \in H^2(E; \mathbb{Z})$, $\tilde{e} \in H^2(\tilde{E}; \mathbb{Z})$ をそれぞれ $\pi, \tilde{\pi}$ の Euler 類とすれば,つぎの二つの等式
 (i) $f^*(\nu) = m\tilde{\nu}$
 (ii) $\tilde{e} = f^*(e) - (m-1)\tilde{\nu} = f^*(e - (1 - \frac{1}{m})\nu)$
が成り立つ.

[証明] (i) は仮定から明らかである (§4.2(c) 補題 4.9 の証明を参照).

(ii) を示そう.$N(D), N(\tilde{D})$ をそれぞれ $D, \tilde{D}$ の閉管状近傍とする.このと

き，つぎの可換な図式

$$\begin{array}{ccc} H^2(E) & \xrightarrow{f^*} & H^2(\tilde{E}) \\ \downarrow & & \downarrow \\ H^2(E\setminus \mathrm{Int} N(D)) & \longrightarrow & H^2(\tilde{E}\setminus \mathrm{Int} N(\tilde{D})) \end{array}$$

において二つの Euler 類 $e \in H^2(E;\mathbb{Z})$, $\tilde{e} \in H^2(\tilde{E};\mathbb{Z})$ の $H^2(\tilde{E}\setminus \mathrm{Int} N(\tilde{D}))$ における像は明らかに一致する．一方，完全系列

$$\cdots \longrightarrow H^2(\tilde{E}, \tilde{E}\setminus \mathrm{Int} N(\tilde{D})) \longrightarrow H^2(\tilde{E}) \longrightarrow H^2(\tilde{E}\setminus \mathrm{Int} N(\tilde{D})) \longrightarrow \cdots$$

と同型写像

$$H^2(\tilde{E}, \tilde{E}\setminus \mathrm{Int} N(\tilde{D})) \cong H^2(N(\tilde{D}), \partial N(\tilde{D})) \cong H_{n-2}(\tilde{D})$$

から，ある整数 $a \in \mathbb{Z}$ が存在して

(4.6) $$\tilde{e} = f^*(e) + a\tilde{\nu}$$

となることがわかる．さて $\pi, \tilde{\pi}$ のファイバーの種数をそれぞれ g, g' とすれば，よく知られているように

(4.7) $$2 - 2g' = m(2 - 2g - m) + m$$

となる．一方 (4.6) の両辺を $\tilde{\pi}$ のファイバーに制限すれば

(4.8) $$2 - 2g' = m(2 - 2g) + am$$

を得る．(4.7), (4.8) から

$$a = 1 - m$$

となり，(ii) が証明された． ∎

さて可換図式 (4.5) にもどり，曲面バンドル $\pi: E \to M_3$ の第一特性類 e_1 を計算しよう．π の Euler 類を $\tilde{e}$ とすれば，上記の命題から

$$\tilde{e} = f^*((2 - 2g_2)[M_2]^* - (1 - \frac{1}{m})[D]^*)$$

となる．したがって

$$e_1 = \langle \tilde{e}^2, [E] \rangle$$
$$= m \langle ((2 - 2g_2)[M_2]^* - (1 - \frac{1}{m})[D]^*)^2, [M_3 \times M_2] \rangle$$

$$= m^{2g_2+1}\langle((2-2g_2)[M_2]^* - (1-\frac{1}{m})[D_2]^*)^2, [M_2 \times M_2]\rangle$$
$$= m^{2g_2+1}(-2(1-\frac{1}{m})(2-2g_2)m + (1-\frac{1}{m})^2 m(2-2g_2))$$
$$= (2g_2-2)m^{2g_2}(m^2-1)$$

となる.この数は明らかに >0 となるので,e_1 の非自明性が証明された.

§4.4 特性類の非自明性(2)

(a) 曲面バンドルの構成法

§4.3(c) で e_1 の非自明性を示すために使った,小平と Atiyah による曲面バンドルの構成を高次元に一般化する.そのために,この構成法をつぎのように簡単にまとめてみる(図式(4.5)参照).$M_1 = \Sigma_g$ とし,自明な Σ_g バンドル $M_1 \times M_1 \to M_1$ の切断 $M_1 \ni p \mapsto (p,p) \in M_1 \times M_1$ の像すなわち対角線集合 D_1 は,全空間の中の余次元 2 の部分多様体で各ファイバーに横断的に交わる.しかしそのホモロジー類 $[D_1]$ はどんな整数 $m>1$ に対しても $H_2(M_1 \times M_1; \mathbb{Z})$ の中で m で割れない.そこで与えられた m に対して,上記の自明なバンドルのファイバーおよび底空間方向の適当な有限被覆をとることにより,D_1 の逆像のホモロジー類が m で割れるようにしたのである.そして命題 4.10 を適用して分岐被覆をとれば,求める性質がみたされているのであった.これを高次元に一般化するためには,自明なバンドルではなくすでにねじれている曲面バンドルに対して上記のような構成を行う必要がある.具体的には,以下に述べる三つの操作を組み合わせることにより実現する.

第一の操作は,与えられた Σ_g バンドル $\pi: E \to M$ から出発して,次元が 2 高い Σ_g バンドルで切断をもつものを構成するものである.そのためには,射影 π による π 自身の引き戻し $\pi': E^* \to E$ を考えればよい.具体的には
$$E^* = \{(u, u') \in E \times E;\ \pi(u) = \pi(u')\}$$
とおき,$\pi'(u, u') = u$ とする.このとき,写像 $\pi: E \to M$ の上にあるバンドル写像 $q: E^* \to E$ が $q(u, u') = u'$ により定義され,つぎの図式は可換となる.

$$\begin{CD} E^* @>q>> E \\ @VV\pi'V @VV\pi V \\ E @>\pi>> M \end{CD}$$

$E \times E$ の対角線集合 $D = \{(u,u); u \in E\}$ は E^* の余次元 2 の部分多様体となり、かつ各ファイバーとちょうど一点で交わる. 実際, それは切断 $E \ni u \mapsto (u,u) \in E^*$ の像である. もし底空間 M が向き付けられている場合には, E も自然に向き付けられた多様体となり, したがって D もまた E^* の向き付けられた部分多様体となる. 簡単のために M, したがって E, E^* も閉多様体であるとし, D の表すホモロジー類 $[D] \in H_{n-2}(E^*; \mathbb{Z})$ ($n = \dim E^*$) の Poincaré 双対を

$$\nu \in H^2(E^*; \mathbb{Z})$$

とする(このコホモロジー類は上記の仮定がなくても定義される). さらに ν を $\mod m$ したコホモロジー類を

$$\nu_m \in H^2(E^*; \mathbb{Z}/m)$$

とする.

第二の操作は, 任意の正の整数 m に対して, ファイバー方向の m 重被覆をとるものである. 自明な曲面バンドルの場合には簡単な操作であるが, 一般の場合には工夫する必要がある.

補題 4.13 $\pi: E \to M$ を向き付けられた Σ_g バンドルで $g \geqq 1$ とする. このとき, 任意の自然数 m に対してある有限被覆 $M_1 \to M$ が存在し, この写像によって引き戻した Σ_g バンドル $E_1 \to M_1$ はファイバー方向の m 重被覆 $\widetilde{E}_1 \to E_1$ を持つ. すなわち $\widetilde{E}_1 \to E_1$ は m 重の被覆写像であり, 合成写像 $\widetilde{E}_1 \to M_1$ は Σ_g の m 重の被覆曲面 $\Sigma_{g'}$ をファイバーとする曲面バンドルとなる(したがって $g' = m(g-1) + 1$ である).

[証明] 証明には写像類群に関するつぎの二つの事実を用いる. 第一は, §4.1(c) で述べた Nielsen による古典的な同型

$$\mathcal{M}_g \cong \mathrm{Out}_+ \pi_1(\Sigma_g)$$

であり, 第二は, $\mathcal{M}_g$ が virtually torsionfree という性質を持つことである.

ここで,群 G が virtually torsionfree であるとは,指数が有限の正規部分群 $H \subset G$ でねじれのない(torsionfree)もの,すなわち単位元以外には位数が有限となる元がないようなものが存在することをいう.実際,$H_1(\Sigma_g; \mathbb{Z}/3)$ に自明に作用する元全体からなる $\mathcal{M}_g$ の部分群はこの性質を持つことが知られている.

まず m 重の正則な被覆 $\Sigma_{g'} \to \Sigma_g$ を一つ選ぼう.言い換えれば指数 m の正規部分群 $\pi_1(\Sigma_{g'}) \subset \pi_1(\Sigma_g)$ を一つ固定する.$\pi_1(\Sigma_g)$ には指数 m の正規部分群は有限個しか存在しないことから,指数が有限の正規部分群 $\Gamma_1 \subset \mathrm{Aut}_+\pi_1(\Sigma_g)$ でその任意の元が $\pi_1(\Sigma_{g'})$ を保つようなものを選ぶことができる.自然な準同型写像
$$r : \Gamma_1 \longrightarrow \mathrm{Aut}_+\pi_1(\Sigma_{g'}) \longrightarrow \mathcal{M}_{g'}$$
を考える.ここで $\mathrm{Aut}_+\pi_1(\Sigma_{g'}) \to \mathcal{M}_{g'}$ は射影を表す.このとき,任意の元 $\gamma \in \mathrm{Inn}\,\pi_1(\Sigma_g) \cap \Gamma_1$ に対して $r(\gamma)$ の位数は有限であることが簡単にわかる.ここで指数が有限の正規部分群 $\Gamma_2 \subset \mathcal{M}_{g'}$ でねじれのないものを一つ選ぶ.明らかに $r^{-1}(\Gamma_2) \cap \mathrm{Inn}\,\pi_1(\Sigma_g) \subset \mathrm{Ker}\,r$ となる.$\pi : \mathrm{Aut}_+\pi_1(\Sigma_g) \to \mathcal{M}_g$ を射影とすれば,$\pi(r^{-1}(\Gamma_2))$ は $\mathcal{M}_g$ の指数有限の部分群となる.そこでこの部分群と共役な部分群すべての共通部分を Γ_3 とすれば,これは指数が有限な $\mathcal{M}_g$ の正規部分群となる.また構成から自然な準同型写像 $\Gamma_3 \to \mathcal{M}_{g'}$ が存在する.

さて $h : \pi_1(M) \to \mathcal{M}_g$ を与えられた Σ_g バンドル $\pi : E \to M$ のホロノミー準同型写像とし,合成写像 $\pi_1(M) \to \mathcal{M}_g \to \mathcal{M}_g/\Gamma_3$ の核の定義する有限被覆を $M_1 \to M$ とする.このとき,準同型写像 $\pi_1(M_1) \to \Gamma_3 \to \mathcal{M}_{g'}$ の定義する $\Sigma_{g'}$ バンドルを $E_1 \to M_1$ とすればこれが求める条件をみたすことがわかる.∎

第三の操作は,Σ_g バンドル $\pi : E \to M$ の底空間のコホモロジー群の元 $u \in H^2(M; \mathbb{Z}/m)$ が与えられたとき,適当な有限被覆 $p : \widetilde{M} \to M$ で $p^*(u) = 0$ となるようなものを構成することである.しかし,たとえば $M = S^2$ の場合を考えればわかるように,つねに可能というわけではない.底空間 M に条件をつける必要がある.

定義 4.14 負でない整数 n に対して,$2n$ 次元の連結な C^∞ 多様体からなる類(class) $\mathcal{C}_n$ をつぎのように帰納的に定義する.$\mathcal{C}_0$ の元は 1 点からなる 0

次元多様体であり，$\mathcal{C}_1$ は種数 $g \geqq 2$ の向き付け可能な閉曲面からなる類である．一般に $\mathcal{C}_{n+1}$ は，$\mathcal{C}_n$ の元を底空間とする向き付けられた Σ_g バンドル（ただし $g \geqq 2$ とする）の全空間の任意の有限被覆からなる類とする．各 $\mathcal{C}_n$ の離散和を $\mathcal{C}$ と書き，その元を反復曲面バンドル(iterated surface bundle)と呼ぶ． □

命題 4.15 E を類 $\mathcal{C}_n$ に属する多様体とし，m を任意の自然数とする．このとき，任意の元 $u \in H^2(E; \mathbb{Z}/m)$ に対してある有限被覆 $p: \widetilde{E} \to E$ が存在して $p^*(u) = 0$ となる．

[証明] n に関する帰納法を使う．$n = 0, 1$ の場合には明らかである．そこで $n > 1$ として E を類 $\mathcal{C}_n$ に属する多様体とする．定義から，$\mathcal{C}_{n-1}$ に属する多様体 M_0 と M_0 上の Σ_g バンドル $E_0 \to M_0$ が存在して，E は E_0 の有限被覆となっている．簡単にわかるように，合成写像 $E \to E_0 \to M_0$ はファイバーバンドルとなる．そのファイバー Σ は必ずしも連結ではないが，Σ_g のいくつかの有限被覆の合併集合となっている．$\pi_1(M_0)$ は Σ の連結成分の作る有限集合 $\pi_0(\Sigma)$ に作用する．そこで M_0 の適当な有限被覆 $M_0' \to M_0$ でこの作用を打ち消すものをとり，$E' \to M_0'$ をこの写像による $E \to M_0$ の引き戻しとする．明らかに $M_0' \in \mathcal{C}_{n-1}$ である．さて E' の一つの連結成分を E_0' とすれば，構成から写像 $E_0' \to M_0'$ のファイバーは連結となるから，それはある $g \geqq 2$ に対して Σ_g バンドルとなる．一方 E_0' は E の有限被覆であるから，u を引き戻したコホモロジー類 $u' \in H^2(E_0'; \mathbb{Z}/m)$ が定義される．ここで補題 4.13 を適用すれば，ある有限被覆 $M_1 \to M_0'$ が存在して引き戻しの Σ_g バンドル $E_1 \to M_1$ はファイバー方向の m 重被覆 $E_1' \to M_1$ を持つ．このとき $E_1' \to M_1$ は $\Sigma_{g'}$ バンドルとなる．ただし $\Sigma_{g'}$ は Σ_g のある m 重被覆である．$\pi_1(M_1)$ は有限群 $H^1(\Sigma_{g'}; \mathbb{Z}/m)$ に作用する．そこでこの作用を打ち消すような有限被覆 $M_1' \to M_1$ をとり，さらに別の有限被覆 $M_2 \to M_1'$ で写像 $H^1(M_1'; \mathbb{Z}/m) \to H^1(M_2; \mathbb{Z}/m)$ が自明となるようなものをとる．$E_2 \to M_2$ を写像 $M_2 \to M_1$ による引き戻しの $\Sigma_{g'}$ バンドルとする．ここまでの構成をまとめるとつぎの可換図式が得られる．

(4.9)
$$\begin{array}{ccccccc} E_2 & \longrightarrow & E_1' & \longrightarrow & E_1 & \longrightarrow & E_0' \\ \pi \downarrow \Sigma_{g'} & & \downarrow \Sigma_{g'} & & \downarrow \Sigma_g & & \downarrow \Sigma_g \\ M_2 & \longrightarrow & M_1 & = & M_1 & \longrightarrow & M_0' \end{array}$$

この図式の上の行の三つの写像の合成を $p: E_2 \to E_0'$ と書こう.このとき,ある元 $v \in H^2(M_2; \mathbb{Z}/m)$ が存在して $p^*(u') = \pi^*(v)$ となることを示す.そのために $\pi: E_2 \to M_2$ の $\mathbb{Z}/m$ 係数のコホモロジーの Serre スペクトル系列を $\{E_r^{p,q}, d_r\}$ とする.ファイバーの $\mathbb{Z}/m$ 係数のコホモロジーの定義する M_2 上の局所系は構成から自明となる.したがって,E_2 項は $E_2^{p,q} = H^p(M_2; H^q(\Sigma_{g'}; \mathbb{Z}/m))$ で与えられる.$p^*(u')$ は $H^2(E_2; \mathbb{Z}/m)$ の元であるが,つぎの二つの短完全系列がある.

$$0 \longrightarrow K \longrightarrow H^2(E_2; \mathbb{Z}/m) \longrightarrow E_\infty^{0,2} \longrightarrow 0$$
$$0 \longrightarrow E_\infty^{0,2} \longrightarrow K \longrightarrow E_\infty^{1,1} \longrightarrow 0$$

ここで $K = \mathrm{Ker}(H^2(E_2; \mathbb{Z}/m) \to H^2(\Sigma_{g'}; \mathbb{Z}/m))$ である.さて,$\Sigma_{g'} \to \Sigma_g$ は m 重の被覆であるから,$p^*(u')$ の $E_\infty^{0,2}$ への像は 0 となる.したがって,$p^*(u')$ は K に含まれる.一方,二つの有限被覆 $M_1' \to M_1$ と $M_2 \to M_1'$ の構成から,$p^*(u')$ の $E_\infty^{1,1}$ への像もまた 0 となる.したがって,上記の短完全系列から $p^*(u') \in E_\infty^{0,2}$ となるが,$E_\infty^{0,2} = \mathrm{Im}(H^2(M_2; \mathbb{Z}/m) \to H^2(E_2; \mathbb{Z}/m))$ であるから,ある元 $v \in H^2(M_2; \mathbb{Z}/m)$ が存在して $p^*(u') = \pi^*(v)$ となる.

さて,M_2 は $M_0' \in \mathcal{C}_{n-1}$ の有限被覆であるから M_2 もまた類 $\mathcal{C}_{n-1}$ に属する.したがって,帰納法の仮定からある有限被覆 $p: M_3 \to M_2$ が存在して $p^*(v) = 0$ となる.そこで,$\widetilde{E} \to M_3$ を写像 $M_3 \to M_2$ によって引き戻した $\Sigma_{g'}$ バンドルとすれば,合成写像 $\widetilde{E} \to E_2 \to E$ は有限被覆となるが,これが命題の条件をみたすこと,すなわちコホモロジー類 $u \in H^2(E; \mathbb{Z}/m)$ の $\widetilde{E}$ への引き戻しが 0 となることがわかる.∎

以上の準備のもとに,与えられた Σ_g バンドル $\pi: E \to M$ で全空間 E が $\mathcal{C}$ に属するものから,新しい曲面バンドルをつぎのように構成する.まず第一の操作,すなわち射影 π による引き戻しの曲面バンドル

$$\pi: E^* \longrightarrow E$$

を考える．このバンドルには切断 $s:E\to E^*$ が定義されており，その像 $D\subset E^*$ は余次元が 2 の向き付けられた部分多様体となっている．その Poincaré 双対の $\mod m$ コホモロジー類を $\nu_m \in H^2(E^*;\mathbb{Z}/m)$ と書くのであった．さて，種々の曲面バンドルからなるつぎの可換な図式を考える．

$$\begin{array}{ccccccccccc}
\widetilde{E}^* & \longrightarrow & E_3^* & \longrightarrow & E_2^* & \longrightarrow & {}'E_1^* & \longrightarrow & E_1^* & \longrightarrow & E^* \\
\downarrow{\scriptstyle \Sigma_{g''}} & & \downarrow{\scriptstyle \Sigma_{g'}} & & \downarrow{\scriptstyle \Sigma_{g'}} & & \downarrow{\scriptstyle \Sigma_{g'}} & & \downarrow{\scriptstyle \Sigma_g} & & \downarrow{\scriptstyle \Sigma_g} \\
\widetilde{E} & = & \widetilde{E} & \longrightarrow & E_2 & \longrightarrow & E_1 & = & E_1 & \longrightarrow & E
\end{array}$$

ここで上図の右の四つの列は，命題 4.15 の構成をその証明中の図式(4.9)において Σ_g バンドル $E_0' \to M_0'$ を $E^* \to E$ に，また $u' \in H^2(E_0';\mathbb{Z}/m)$ を $\nu_m \in H^2(E^*;\mathbb{Z}/m)$ に置き換えて施したものである．とくに ${}'E_1^* \to E_1^*$ はファイバー方向の m 重被覆である（補題 4.13 参照）．このとき，コホモロジー類 ν_m の $H^2(E_2^*;\mathbb{Z}/m)$ における像は，ある元 $v \in H^2(E_2;\mathbb{Z}/m)$ の E_2^* への引き戻しに等しい．さて E_2 は E の有限被覆であるから $\mathcal{C}$ に属する．したがって，再び命題 4.15 によりある有限被覆 $p:\widetilde{E}\to E_2$ が存在して $p^*(v)=0$ となる．そこで $E_3^* \to \widetilde{E}$ を引き戻しの $\Sigma_{g'}$ バンドルとすれば，ν_m の $H^2(E_3^*;\mathbb{Z}/m)$ への像は 0 となる．このことから $D^*\subset E_3^*$ を写像 $E_3^*\to E^*$ による D の逆像とすれば，対 (E_3^*,D^*) は命題 4.10 の条件をみたすことがわかる．したがって，D^* で分岐する m 重の巡回分岐被覆 $\widetilde{E}^* \to E_3^*$ が存在する．このとき，射影 $\widetilde{E}^* \to \widetilde{E}$ は $\Sigma_{g''}$ バンドルの構造を持つ．ただし $\Sigma_{g''}$ は $\Sigma_{g'}$ 上の m 点で分岐する m 重の巡回分岐被覆である．したがってとくに，$g'' = mg' + \frac{1}{2}(m^2-3m)+1 = m^2 g - \frac{1}{2}m(m+1)+1$ となる．

以上のようにして，初めに与えられた Σ_g バンドル $E \to M$ から $\Sigma_{g''}$ バンドル $\widetilde{E}^* \to \widetilde{E}$ を得る操作を m **構成**と呼ぶことにする．新しく得られたバンドルの全空間 $\widetilde{E}^*$ は，明らかに $\mathcal{C}$ に属する．したがって，任意に与えられた自然数 m' に対して $\widetilde{E}^* \to \widetilde{E}$ に m' 構成を施すことができる．このようにして，全空間が $\mathcal{C}$ に属する任意の曲面バンドルから出発して，m_j 構成を $j=1,2,\cdots$ に対して順々に施すことにより，種々の曲面バンドルが構成できることがわかった．

§4.3(c) で与えた小平と Atiyah による構成は，1点上の自明な Σ_g バンドル $\Sigma_g \to pt$ に対して2構成を施したものに他ならない．

(b) e_i の非自明性

前項で構成した曲面バンドルの特性類を計算する．$\pi: E \to M$ を E が $\mathcal{C}$ に属する Σ_g バンドルとし

$$\begin{array}{ccccc} \widetilde{E}^* & \xrightarrow{r} & E^* & \xrightarrow{q} & E \\ {\scriptstyle \tilde{\pi}} \downarrow {\scriptstyle \Sigma_{g''}} & & {\scriptstyle \pi'} \downarrow {\scriptstyle \Sigma_g} & & {\scriptstyle \pi} \downarrow {\scriptstyle \Sigma_g} \\ \widetilde{E} & \xrightarrow{\bar{r}} & E & \xrightarrow{\pi} & M \end{array}$$

をその上への m 構成とする．$\pi: E \to M$, $\tilde{\pi}: \widetilde{E}^* \to \widetilde{E}$ の Euler 類をそれぞれ $e \in H^2(E;\mathbb{Z})$, $\tilde{e} \in H^2(\widetilde{E}^*;\mathbb{Z})$ とし，切断 $s: E \to E^*$ の像を D とする．また，$\widetilde{D} = r^{-1}(D) \subset \widetilde{E}^*$ とおき，$D, \widetilde{D}$ の Poincaré 双対をそれぞれ $\nu \in H^2(E^*;\mathbb{Z})$, $\tilde{\nu} \in H^2(\widetilde{E}^*;\mathbb{Z})$ とする．

命題 4.16

(i) $r^*(\nu) = m\tilde{\nu}$ であり，したがって $\tilde{\nu} = \dfrac{1}{m} r^*(\nu)$

(ii) $\nu^2 = q^*(e)\nu = (\pi')^*(e)\nu$

(iii) $\tilde{e} = r^*(q^*(e) - (1 - \dfrac{1}{m})\nu)$

[証明] まず $\pi': E^* \to E$ の Euler 類は明らかに $q^*(e)$ である．したがって (i), (iii) は，命題 4.12 から従う．一方，$i: D \to E^*$ を包含写像とすれば，$i^*q^*(e) = i^*(\pi')^*(e)$ は D の E^* における法バンドルの Euler 類に等しいことが簡単にわかる．ここで Thom 同型定理を使えば，(ii) が証明される． ∎

命題 4.17 $\pi: E \to M$, $\tilde{\pi}: \widetilde{E}^* \to \widetilde{E}$ の第 k 特性類をそれぞれ $e_k, \tilde{e}_k$ とすれば

$$\tilde{e}_k = m^2 \bar{r}^*(\pi^*(e_k) - (1 - m^{-(k+1)})e^k)$$

となる．

[証明] 命題 4.16 から

(4.10) $\tilde{e}^{k+1} = r^*(q^*(e) - (1 - \dfrac{1}{m})\nu)^{k+1}$

$\qquad\qquad = r^*(q^*(e^{k+1}) - (1 - m^{-(k+1)})(\pi')^*(e^k)\nu)$

§4.4 特性類の非自明性 (2) —— 173

となる．ここで(4.10)に Gysin 準同型写像 $\pi_* : H^{2(k+1)}(E^*; \mathbb{Q}) \to H^{2k}(E; \mathbb{Q})$ を施せば

$$\tilde{e}^k = m^2 \bar{r}^*(\pi^*(e_k) - (1 - m^{-(k+1)})e^k)$$

となり，証明が終わる． ∎

もし Σ_g バンドル $\pi : E \to M$ の底空間 M が向き付けられた $2n$ 次元閉多様体の場合には，各特性類 e_i に関する次数 $2n$ の任意の多項式を M の基本類の上で値を取らせることにより種々の数が得られる．具体的には n の任意の分割 $I = \{i_1, \cdots, i_r\}$ に対し，対応する数

$$e_I[M] = e_{i_1} \cdots e_{i_r}[M]$$

が定義される．これらの数を曲面バンドルの特性数と呼ぶ．$I = \{i_1, \cdots, i_r\}$ をある自然数の分割とする．I の任意の部分集合 $J = \{j_1, \cdots, j_s\}$ に対し，その補集合 $J^c = I \setminus J$ を $J^c = \{k_1, \cdots, k_t\}$ $(s + t = r)$ と書く．

命題 4.18 $\pi : E \to M$ を向き付けられた $2n$ 次元閉多様体 M 上の Σ_g バンドルとし，$\tilde{\pi} : \tilde{E}^* \to \tilde{E}$ をその上の m 構成とする．このとき，$n+1$ の任意の分割 $I = \{i_1, \cdots, i_r\}$ に対し $\tilde{\pi} : \tilde{E}^* \to \tilde{E}$ の I に対応する特性数は

$$\tilde{e}_I[\tilde{E}] = d m^{2r} \sum_J (-1)^t (1 - m^{-(k_1+1)}) \cdots (1 - m^{-(k_t+1)}) e_J e_{k_1 + \cdots + k_t - 1}[M]$$

により与えられる．ここで d は写像 $\tilde{E} \to E$ の写像度であり，J は I のすべての部分集合をわたるものとする．

[証明] 命題 4.17 から
$\tilde{e}_I[\tilde{E}] = \tilde{e}_{i_1} \cdots \tilde{e}_{i_r}[\tilde{E}]$
$= m^2 \bar{r}^*(\pi^*(e_{i_1}) - (1 - m^{-(i_1+1)})e^{i_1}) \cdots m^2 \bar{r}^*(\pi^*(e_{i_r}) - (1 - m^{-(i_r+1)})e^{i_r})[\tilde{E}]$
$= d m^{2r}(\pi^*(e_{i_1}) - (1 - m^{-(i_1+1)})e^{i_1}) \cdots (\pi^*(e_{i_r}) - (1 - m^{-(i_r+1)})e^{i_r})[E]$
$= d m^{2r} \sum_J (-1)^t (1 - m^{-(k_1+1)}) \cdots (1 - m^{-(k_t+1)}) e_J e_{k_1 + \cdots + k_t - 1}[M]$

となる．最後の等式は §4.2(c) 命題 4.8(ii) から従う． ∎

上記の命題からとくに，$e_n[M]$ が 0 でなければ，任意の $m > 1$ に対して $\tilde{e}_{n+1}[\tilde{E}]$ もまた 0 でないことがわかる．したがって，帰納的に特性類 e_i はすべて非自明であることがわかった．

(c) 特性類の代数的独立性

§4.1(e) の記述から，曲面バンドルの各特性類 e_i は写像類群のコホモロジー群の元と思える．すなわち

$$e_i \in H^{2i}(\mathcal{M}_g; \mathbb{Z}) \quad (i = 1, 2, \cdots)$$

である．この項ではこれら特性類の代数的独立性を示すつぎの定理の証明の概略を述べる．この定理は Miller [49] および森田 [52] において独立に証明された．ただし下記の単射性の範囲は，その後得られた Harer による $\mathcal{M}_g$ のホモロジー群の改良された安定性定理 [32] による．

定理 4.19　任意の自然数 n に対して，$g \geqq 3n$ となるすべての g に対して準同型写像

$$\mathbb{Q}[e_1, e_2, \cdots] \longrightarrow H^*(\mathcal{M}_g; \mathbb{Q})$$

は次数 $2n$ まで単射となる．

［証明のスケッチ］　命題 4.18 の形を見れば，適当な m_j ($j = 1, 2, \cdots$) を選んでつぎつぎと m_j 構成を施すことにより得られる反復曲面バンドルの特性類の多項式の間には，代数的な一次関係がないのはほとんど明らかである．しかし，これから直ちに定理が従うとはいえない．なぜならばある種数 g について独立性がいえても，それより大きな種数について同じことがいえるかどうかは自明ではないからである．この点を解決するために，基点あるいは境界をもつ曲面の写像類群を導入する．まず Σ_g 上に基点 $* \in \Sigma_g$ が与えられたとする．このとき Σ_g の向きと基点を保つ微分同相全体を $\mathrm{Diff}_+(\Sigma_g, *)$ と記し

$$\mathcal{M}_{g,*} = \pi_0(\mathrm{Diff}_+(\Sigma_g, *))$$

とおく．これを基点付き曲面 $(\Sigma_g, *)$ の写像類群という．基点を忘れることにより，自然な射影 $\pi: \mathcal{M}_{g,*} \to \mathcal{M}_g$ が定義される．さらに $g \geqq 2$ という仮定から，簡単な考察により自然な同型 $\mathrm{Ker}\,\pi \cong \pi_1(\Sigma_g)$ が存在することがわかる．こうして短完全系列

$$1 \longrightarrow \pi_1(\Sigma_g) \overset{i}{\longrightarrow} \mathcal{M}_{g,*} \overset{\pi}{\longrightarrow} \mathcal{M}_g \longrightarrow 1$$

が得られる．ここで基本群の元 $\gamma \in \pi_1(\Sigma_g)$ はつぎのようにして $\mathcal{M}_{g,*}$ の元と

§4.4 特性類の非自明性 (2) —— 175

思える.まず γ を代表する基点を出発してそこに戻る閉曲線 ℓ を選ぶ.そして基点をつまんで ℓ を逆方向にたどって元に戻る操作が定義する Σ_g の微分同相の,基点を止めたイソトピー類を $i(\gamma)$ とするのである.

つぎに $D^2 \subset \Sigma_g$ を埋め込まれた円板とし,D^2 上では恒等写像となるような $\mathrm{Diff}_+\Sigma_g$ の元全体を $\mathrm{Diff}(\Sigma_g, D^2)$ と書く.このとき
$$\mathcal{M}_{g,1} = \pi_0(\mathrm{Diff}(\Sigma_g, D^2))$$
を円板 D^2 に相対的な Σ_g の写像類群という.あるいは境界をもつ曲面 $\Sigma_g \setminus \mathrm{Int}\, D^2$ の写像類群と呼ぶ場合もある.基点 $*$ を D^2 上にとることにより,自然な射影 $\pi: \mathcal{M}_{g,1} \to \mathcal{M}_{g,*}$ が定義される.この射影の核は D^2 を一回転する Σ_g の微分同相の D^2 を止めたイソトピー類の生成する無限巡回群となることがわかる.こうして短完全系列
$$0 \longrightarrow \mathbb{Z} \longrightarrow \mathcal{M}_{g,1} \longrightarrow \mathcal{M}_{g,*} \longrightarrow 1$$
が得られる.Earle–Eells の結果[18]から
$$\mathrm{BDiff}_+(\Sigma_g, *) = K(\mathcal{M}_{g,*}, 1), \quad \mathrm{BDiff}(\Sigma_g, D^2) = K(\mathcal{M}_{g,1}, 1)$$
となることがわかる.$\mathrm{BDiff}_+(\Sigma_g, *)$ は切断の与えられた曲面バンドルの分類空間となり,また $\mathrm{BDiff}(\Sigma_g, D^2)$ は切断の像を全空間の余次元 2 の部分多様体と見たとき,その法バンドルの自明化が与えられているような曲面バンドルの分類空間となる.

さて $\mathrm{Diff}(\Sigma_g, D^2)$ を境界をもつ曲面 $\Sigma_g \setminus \mathrm{Int}\, D^2$ の境界上では恒等写像となるような微分同相の全体と思えば,その任意の元は種数が 1 上がった曲面 Σ_{g+1} の最後のハンドル上では恒等写像となるような微分同相を定義する.この操作は準同型写像
$$\mathcal{M}_{g,1} \longrightarrow \mathcal{M}_{g+1,1}$$
を誘導する.したがってホロノミー群(あるいはモノドロミー群)が $\mathcal{M}_{g,1}$ に持ち上がるような曲面バンドル $\pi: E \to M$ が与えられると,それから種数が 1 (さらには任意の数だけ)上がった曲面バンドルが自然に構成される.具体的には,この操作はつぎのようにして実行することができる.仮定から切断 $s: M \to E$ と,その像の閉管状近傍 $N(\mathrm{Im}\, s)$ と $M \times D^2$ との微分同相が与えられている.そこで,$T_0 = T^2 \setminus \mathrm{Int}\, D^2$ とし

$$\hat{E} = (E \setminus \operatorname{Int} N(\operatorname{Im} s)) \cup M \times T_0$$

とおく.ここで右辺は境界上の同一視 $\partial N(\operatorname{Im} s) \cong M \times S^1 = \partial(M \times T_0)$ により二つの部分をはり合わせた多様体を表す.このとき,自然な射影 $\pi: \hat{E} \to M$ はホロノミー群が $\mathcal{M}_{g+1,1}$ に属する種数が 1 上がった曲面バンドルとなる.

この操作はつぎのように一般化することができる.k 個の種数 $g_1, \cdots, g_k$ が与えられ $\sum_j g_j \leqq g$ とする.このとき,$\Sigma_{g_j} \setminus \operatorname{Int} D^2$ の離散和の Σ_g への埋め込み

$$\bigcup_j \Sigma_{g_j} \setminus \operatorname{Int} D^2 \subset \Sigma_g$$

を固定するごとに準同型写像

(4.11) $\qquad \iota: \mathcal{M}_{g_1,1} \times \cdots \times \mathcal{M}_{g_k,1} \longrightarrow \mathcal{M}_{g,1}$

が定義される.この状況のもとで,曲面バンドルの特性類はつぎのようにふるまうことが比較的簡単にわかる.すなわち,ι がコホモロジーに誘導する写像

$$\iota^*: H^*(\mathcal{M}_{g,1}; \mathbb{Z}) \longrightarrow H^*(\mathcal{M}_{g_1,1} \times \cdots \times \mathcal{M}_{g_k,1}; \mathbb{Z})$$

において

(4.12) $\qquad \iota^*(e_i) = \sum_{j=1}^{k} p_j^*(e_i) \quad (i=1,2,\cdots)$

となる.ここで $p_j: \mathcal{M}_{g_1,1} \times \cdots \times \mathcal{M}_{g_k,1} \to \mathcal{M}_{g_j,1}$ は j 成分への射影を表す.

以上の準備のもとに定理はつぎのようにして証明される.前項では m 構成を繰り返し施して得られる反復曲面バンドルの特性類を計算して,任意の i について $e_i \neq 0$ となることを証明した.この構成をさらに精密にすれば,その像の法バンドルが自明となるような切断をもつ曲面バンドルで,$\mathbb{Q}$ 係数のコホモロジーの元として $e_i \neq 0$ となる例を具体的につくることができる.そのような曲面バンドルのホロノミーは,ある g に対して $\mathcal{M}_{g,1}$ への準同型写像として定義される.したがって $e_i \neq 0 \in H^{2i}(\mathcal{M}_{g,1}; \mathbb{Q})$ となる.このとき式(4.12)から g 以上の任意の種数について同じことが成り立つことになる.そこで証明すべき定理の写像が次数 $2n$ まで単射であることはつぎのようにすればわかる.まず各 e_j $(j=1,\cdots,n)$ について,それらが $H^*(\mathcal{M}_{g_j,1}; \mathbb{Q})$ の中で 0 とならないような種数 g_j $(j=1,\cdots,n)$ をとる.つぎに,各 j について

$jd_j \geqq n$ となるような d_j をとり,$g=\sum_j d_j g_j$ とおく.このとき(4.11)と同様の準同型写像

$$\iota : (\mathcal{M}_{g_1,1})^{d_1} \times \cdots \times (\mathcal{M}_{g_n,1})^{d_n} \longrightarrow \mathcal{M}_{g,1}$$

が得られる.ここで再び式(4.12)と Künneth の定理を使えば,$H^*(\mathcal{M}_{g,1};\mathbb{Q})$ の中で特性類が次数 $2n$ まで代数的に独立であることがわかる.∎

以上は論文[52]による定理4.19の証明の概略である.論文[49]の証明も基本的には同様であるが,$e_i \neq 0 \in H^{2i}(\mathcal{M}_{g,1};\mathbb{Q})$ となる g の存在は,具体的な構成ではなく,つぎに述べる Harer の基本的な結果[31]によっている.それは **Harer の安定性定理**(Harer's stability theorem)と呼ばれる結果で,自然な写像 $H^*(\mathcal{M}_{g,1};\mathbb{Z}) \to H^*(\mathcal{M}_g;\mathbb{Z})$,$H^*(\mathcal{M}_{g+1,1};\mathbb{Z}) \to H^*(\mathcal{M}_{g,1};\mathbb{Z})$ は次数が g に比べて十分小さい安定域と呼ばれるところ(おおむね $\frac{1}{3}g$ 以下)ではどちらも同型となるというものである.したがって,写像類群の安定コホモロジー代数

$$\lim_{g \to \infty} H^*(\mathcal{M}_g;\mathbb{Q})$$

が定義されることになる($\mathbb{Q}$ 係数のコホモロジーに関する安定域は後に論文[32]においてほぼ2倍に改良された.定理の中の単射性の範囲はこの結果による).Miller [49]は,さらに Hopf 代数の構造に関する Milnor–Moore の定理を適用して,上記の安定コホモロジー代数が,次数が偶数の元の生成する多項式代数と次数が奇数の元の生成する外積代数のテンソル積となることを証明した.

なお I. Madsen と M. Weiss は論文,The stable moduli space of Riemann surfaces: Mumford conjecture, *Ann. of Math.*, **165** (2007), 843–941, において,写像類群の有理安定コホモロジー代数が,Mumford–Morita–Miller 類によって生成される多項式代数であることを証明した.

§4.5 特性類の応用

(a) Nielsen 実現問題

写像類群 $\mathcal{M}_g$ は非常に多くの有限部分群をもつ.種数 g を固定したときの

有限部分群の共役類の分類やそれらの位数の上からの評価などは，興味深い問題である．ところで写像類群の有限部分群に関する古典的な問題として，**Nielsen 実現問題**(Nielsen realization problem)と呼ばれるものがある．それはつぎのようなものである．

$\pi: \mathrm{Diff}_+ \Sigma_g \to \mathcal{M}_g$ を自然な射影とする．有限部分群 $G \subset \mathcal{M}_g$ は，射影 π に関して上に持ち上げられるとき，すなわちある部分群 $\tilde{G} \subset \mathrm{Diff}_+ \Sigma_g$ が存在して π の $\tilde{G}$ への制限が同型 $\pi: \tilde{G} \cong G$ を与えるとき，Σ_g の有限変換群として実現可能という．このとき，上記の問題とは

$\mathcal{M}_g$ のすべての有限部分群は実現可能か

という問いであり，Nielsen による 1940 年代の一連の仕事にその起源を持つ．この問題は，Nielsen 自身により G が有限巡回群の場合に肯定的に解かれ，その後いろいろな場合についての結果が積み重ねられた．そして最終的には Kerckhoff [41] によって肯定的に解決された．

上記の問いは，$\mathcal{M}_g$ の無限部分群に対しても意味を持つ．種数が 1，すなわちトーラスの場合にはそのモデルとして $T^2 = \mathbb{R}^2/\mathbb{Z}^2$ をとれば，射影

$$\pi: \mathrm{Diff}_+ T^2 \to \mathcal{M}_1 \cong SL(2, \mathbb{Z})$$

の右からの逆準同型写像を構成することができる．すなわち，$SL(2, \mathbb{Z})$ を T^2 に線形に働かせることにより，準同型写像 $s: SL(2, \mathbb{Z}) \to \mathrm{Diff}_+ T^2$ が定まるが，明らかに $\pi \circ s = \mathrm{id}$ となる．したがって，$\mathcal{M}_1$ のすべての部分群は T^2 の微分同相群として実現可能ということになる．

それでは，$g \geq 2$ の場合にはどうか，という問いが生まれる．つぎの項では，曲面バンドルの特性類を用いることにより，この問いに対する否定的な解答を与える．

(b) 無限群に対する Nielsen 実現問題

ここではつぎの結果を証明する．

定理 4.20（[52]） $\pi: \mathrm{Diff}_+ \Sigma_g \to \mathcal{M}_g$ を自然な射影とし，π の誘導する準同型写像 $\pi^*: H^*(\mathrm{Diff}_+^\delta \Sigma_g; \mathbb{Q}) \to H^*(\mathcal{M}_g; \mathbb{Q})$ を考える．ただし，$\mathrm{Diff}_+^\delta \Sigma_g$ は $\mathrm{Diff}_+ \Sigma_g$ に離散位相を入れた群を表すものとする．このとき，任意の $i \geq 3$ に

対して
$$\pi^*(e_i) = 0$$
となる. □

一方, Harer の改良された安定性定理[32] と Faber の仕事[20]から, 任意の $g \geq 5$ に対して $H^6(\mathcal{M}; \mathbb{Q})$ の元として $e_3 \neq 0$ となることがわかる. したがって, 上記の定理 4.20 の系としてつぎの定理が得られる.

定理 4.21([52]) 自然な射影 $\pi : \mathrm{Diff}_+ \Sigma_g \to \mathcal{M}_g$ は, すべての $g \geq 5$ に対して右からの逆準同型写像を持たない. □

なぜならば, もしそのような準同型写像 $s : \mathcal{M}_g \to \mathrm{Diff}_+ \Sigma_g$ が存在したとすれば, $\pi \circ s = \mathrm{id}$ から $s^* \pi^*(e_3) = e_3 \neq 0$ となる. ところが, これは定理 4.20 の帰結 $\pi^*(e_3) = 0$ に矛盾する.

[定理 4.20 の証明] 射影 π の右からの逆準同型写像 $s : \mathcal{M}_g \to \mathrm{Diff}_+ \Sigma_g$ が存在したとしよう. このとき, 任意の Σ_g バンドル
$$\pi : E \longrightarrow M$$
に対して, そのホロノミー準同型写像 $\rho : \pi_1(M) \to \mathcal{M}_g$ と s との合成写像
$$s \circ \rho : \pi_1(M) \longrightarrow \mathrm{Diff}_+ \Sigma_g$$
を考えれば, $\pi : E \to M$ は Σ_g をファイバーとする葉層バンドルの構造(§3.1 例 3.5, §2.4 定義 2.26 参照)を持つことになる. すなわち, 全空間 E 上の余次元 2 の葉層構造 $\mathcal{F}$ で, その任意の葉がすべてのファイバーと横断的に交わるようなものが存在する. このとき明らかに $\mathcal{F}$ の法バンドル $\nu(\mathcal{F})$ は自然に π のファイバー方向の接バンドル ξ と同型となる. ここで §3.4(a) の Bott の消滅定理 3.24 を適用すれば
$$p_1^2(\nu(\mathcal{F})) = p_1^2(\xi) = 0$$
となる. 一方, $p_1(\xi) = \chi^2(\xi) = e^2$ であるから, 結局
$$e^4 = 0 \in H^8(E; \mathbb{Q})$$
が得られる. したがってすべての $i \geq 3$ に対して $e_i = 0$ となる. これが任意の葉層 Σ_g バンドルに対して成立することから $\pi^*(e_i) = 0$ となり, 証明が終わる ■

写像類群はまた, Σ_g の向きを保つ位相同型全体の作る群 $\mathrm{Homeo}_+ \Sigma_g$ の連

結成分のなす群 $\pi_0(\mathrm{Homeo}_+\Sigma_g)$ とも自然に同型となる. したがって, 射影
$$\pi: \mathrm{Homeo}_+\Sigma_g \longrightarrow \mathcal{M}_g$$
が定義される. この射影に対してもその右逆準同型写像の存在を問うことができる. しかし Bott の消滅定理は C^0 級の葉層構造に対しては成立しないので, 上記の証明は通用しなくなる. 実際, Thurston [62] は, 射影 π がホモロジー群の同型
$$\pi_*: H_*(\mathrm{Homeo}^\delta_+\Sigma_g) \cong H_*(\mathcal{M}_g)$$
を誘導することを証明した. したがって, 右逆準同型写像の存在へのコホモロジー的な障害は存在しないことになる. しかし, それにもかかわらずつぎの予想は妥当なものに思われる.

予想[*1]　自然な射影 $\pi: \mathrm{Homeo}_+\Sigma_g \to \mathcal{M}_g$ は, 右逆準同型写像を持たない.

すなわち, $\mathcal{M}_g$ は Σ_g に位相同型として自然に作用することはないだろうというのである. これと対照的に, Cheeger と Gromov は, $\mathcal{M}_g$ が Σ_g の単位接バンドル (unit tangent bundle) $T_1\Sigma_g$ 上への位相同型としての自然な作用 $\rho: \mathcal{M}_g \to \mathrm{Homeo}\, T_1\Sigma_g$ で, 図式

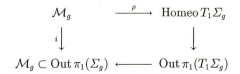

が可換となるものを構成した. ここで, 下の行の準同型写像は同型 $\pi_1(T_1\Sigma_g)/\mathbb{Z}$ $\cong \pi_1(\Sigma_g)$ の誘導するものである. ただし, $\mathbb{Z} \subset \pi_1(T_1\Sigma_g)$ は $\pi_1(T_1\Sigma_g)$ の中心 (center) である.

[*1] この予想は $g>5$ の場合に, V. Markovic の論文, Realization of the mapping class group by homeomorphisms, *Invent. Math.*, **168** (2007), 523–566, において肯定的に証明された.

今後の方向と課題

ここでは本書で扱った事柄を各章ごとに整理し，それらをもとに今後に残されたいくつかの課題について簡単に述べることにする．

第1章では de Rham ホモトピー理論の基礎的な部分を，Sullivan の原論文[59]と Griffiths–Morgan の本[25]に従って記述した．この理論の基本定理は，単連結な多様体の de Rham 複体の極小モデルが，その多様体の実ホモトピー型と等価になるというものである．また単連結でない場合には，de Rham 複体の 1 極小モデルと基本群の Malcev 完備化を $\mathbb{R}$ とテンソルしたものとが自然に同型となるというものである．この理論は同じ頃に前後して展開された，Quillen [55]の有理ホモトピー理論や Chen [12]による反復積分の理論とも密接な関係がある．これらの理論は創始されて以来現在に至るまで，いろいろな観点からの研究が続いている．なかでも重要なのは，この理論の Kähler 多様体や代数多様体に対する精密化である．すでに論文[14]において，コンパクト Kähler 多様体のトポロジーに関する重要な応用が与えられているが，Morgan の仕事[50]や Hain の仕事[27]などを経てまだまだ発展中である．

一方，原論文[59]に提示されたいくつかの問題は，まだ未解決のものが多い．とくに多様体上の局所系のコホモロジーを使って，べき零なものを超える情報を引き出す理論の建設が期待される．

第2章ではまず有限次元の Lie 群を構造群とする平坦バンドルの特性類を，対応する Lie 代数のコホモロジー群を使って記述した．つぎに，与えられた多様体 F の微分同相群 Diff F を構造群とする平坦バンドル，すなわち葉層 F バンドルの特性類の観点から Gel'fand–Fuks 理論を紹介した．Dupont の講義録[15]には，Chern–Weil 理論から平坦バンドルの特性類までが簡潔にまとめられている．平坦バンドルの特性類は，その後も多様な観点からの活

発な研究が続き現在に至っている．とくに代数幾何学や整数論との関連において いくつかの深い結果が得られており，この方面はこれからも大きな発展があるものと思われる．たとえば論文[4], [16], [56], [5], [17]とそれらの文献表を参照してほしい．

第3章では葉層構造の特性類の理論の一般論を述べた．この理論には，Chern–Simons 理論の観点からと，Gel'fand–Fuks 理論の観点からの大きく分けて二つのアプローチの仕方がある．本書では[8], [9], [26]に従って後者の立場からの解説をした．葉層構造の特性類の非自明性については1970年代に多くの結果が得られたが，まだ未解明のままに残されている問題も少なくない．これまでの結果は，主として Lie 群や等質空間の幾何学についてこれまでに知られている古典的な理論に基づくものが多い．これらを本質的に超える新しい例の構成や現象の発見が期待される．§3.5で述べた実係数の特性類が誘導する不連続不変量が自明か否かという問いは，葉層構造の特性類に限らず第3章の平坦バンドルの特性類にとっても一般にはまったく未解決の問題である．知られている結果としては，論文[51]にあげたいくつかの例と，坪井[63]による余次元1の区分的に線形な葉層構造に関する同様の問題の解決などがあるのみである．とくに興味深いのは，余次元1の C^∞ 級あるいは実解析的な葉層構造の Godbillon–Vey 類や，$GL(n, \mathbb{C})$ の Cheeger–Chern–Simons 類に関するこの問題の答えがどうなるかということである．しかし，その解決にはまったく新しい発想が必要であろう．

第4章では曲面バンドルの特性類の理論の，トポロジーの立場からの入門的な解説をした．代数幾何的には Riemann 面のモジュライ空間の Chow 代数と，その自然な元としての特性類の研究が Mumford [54]によって創められて以来，Faber [19], [20]や Looijenga [47]によって精力的に進められている．一方トポロジーの観点からの研究は，1980年代初頭に始まった写像類群に関する Harer による一連の基本的な仕事[30], [31], [32], [33]と，Johnson による Torelli 群に関する先駆的な深い結果([38]参照)が近代的な研究に道を開いた．程なくして本書に述べた曲面バンドルの特性類の理論が創められた．Torelli 群については本文ではその定義を与えただけであるが，これから

の研究においてはこの群が中心的な役割を果たしていくことは確実であろう.その際,シンプレクティック群 $Sp(2g,\mathbb{Q})$ の表現論と de Rham ホモトピー理論が主要な方法となるものと思われる.最近得られた結果をいくつかあげると,曲面バンドルの特性類をねじれ係数に一般化した河澄[39]の仕事,写像類群の連続コホモロジーや特性類を表すコサイクルを調べた論文[40],そして Torelli 群の Malcev 完備化の構造を完全に決定した Hain の仕事[28]などがある.

このように,トポロジーと代数幾何の双方の立場からの相互啓発的な研究が活発に続いているのが現状である.これらの最近の展開の詳しい内容については,論文[29],[53]を参照してほしい.

参考文献

[1] M. F. Atiyah, The signature of fibre-bundles, in Global Analysis, Papers in honor of K. Kodaira, University of Tokyo Press, 1969, 73–84.

[2] M. F. Atiyah, V. K. Patodi and I. M. Singer, Spectral asymmetry and Riemannian geometry I, *Math. Proc. Camb. Philos. Soc.*, **77** (1975), 43–69, II, *Math. Proc. Camb. Philos. Soc.*, **78** (1975), 405–432.

[3] J. Birman, Braids, Links and Mapping Class Groups, Annals of Math. Studies No. 82, Princeton University Press, 1975.

[4] S. Bloch, Applications of the dilogarithm function in algebraic K-theory and algebraic geometry, Proceedings of the International Symposium on Algebraic Geometry (Kyoto Univ., Kyoto 1977), 103–114, Kinokuniya Book Store, Tokyo 1978.

[5] S. Bloch and H. Esnault, Algebraic Chern-Simons theory, *Amer. J. Math.*, **119** (1997), 903–952.

[6] A. Borel, Compact Clifford-Klein forms of symmetric spaces, *Topology*, **2** (1963), 111–122.

[7] R. Bott, On a topological obstruction to integrability, Proc. International Congress Math. Nice 1970, vol. 1, 27–36, Gauthier-Villars, Paris 1971.

[8] R. Bott, Gel'fand-Fuks Cohomology and Foliations, Proceedings of the 11-th Annual Holiday Symposium at New Mexico State University, 1973.

[9] R. Bott and A. Haefliger, On characteristic classes of Γ-foliations, *Bull. Amer. Math. Soc.*, **78** (1972), 1039–1044.

[10] K. Brown, Cohomology of Groups, Graduate Texts in Math., vol. 87, Springer Verlag, 1982.

[11] J. Cheeger and J. Simons, Differential characters and geometric invariants, in Geometry and Topology, Lecture Notes in Math. 1167, Springer Verlag 1985.

[12] K.-T. Chen, Iterated path integrals, *Bull. Amer. Math. Soc.*, **83** (1977), 831–879.

[13] S. Chern and J. Simons, Characteristic forms and geometric invariants, *Ann. of Math.*, **99** (1974), 48–69.

[14] P. Deligne, P. Griffiths, J. Morgan and D. Sullivan, Real homotopy theory of Kähler manifolds, *Invent. Math.*, **29** (1975), 245–274.

[15] J. L. Dupont, Curvature and Characteristic Classes, Lecture Notes in Math. 640, Springer Verlag, 1978.

[16] J. L. Dupont, Characteristic classes for flat bundles and their formulas, *Topology*, **33** (1994), 575–590.

[17] J. L. Dupont, R. Hain and S. Zucker, Regulators and characteristic classes of flat bundles, preprint 1998.

[18] C. J. Earle and J. Eells, A fibre bundle description of Teichmüller space, *J. Differential Geometry*, **3** (1969), 19–43.

[19] C. Faber, Chow rings of moduli spaces of curves I: The Chow ring of $\overline{\mathcal{M}}_3$, II: Some results on the Chow ring of $\overline{\mathcal{M}}_4$, *Ann. of Math.*, **132** (1990), 331–449.

[20] C. Faber, A conjectural description of the tautological ring of the moduli space of curves, preprint 1996.

[21] F. T. Farrell and W. C. Hsiang, On the rational homotopy groups of the diffeomorphism groups of discs, spheres and aspherical manifolds, Proc. Symp. Pure Math. 32, 1978, 325–337.

[22] I. M. Gel'fand and D. B. Fuks, The cohomology of the Lie algebra of tangent vector fields on a smooth manifold, I, *J. Funct. Anal.*, **3** (1969), 194–210, II, *J. Funct. Anal.*, **4** (1970), 110–116.

[23] I. M. Gel'fand and D. B. Fuks, The cohomology of the Lie algebra of formal vector fields, *Izv. Ann. SSSR*, **34** (1970), 327–342.

[24] C. Godbillon and J. Vey, Un invariant des feuilletages de codimension 1, *C. R. Acad. Sci. Paris*, **273** (1971), 92–95.

[25] P. Griffiths and J. Morgan, Rational Homotopy Theory and Differential Forms, Progress in Mathematics, Vol. 16, Birkhäuser, Boston, 1981.

[26] A. Haefliger, Sur les classes caractéristiques des feuilletages, Séminaire Bourbaki, No. 412, June 1972.

[27] R. Hain, The de Rham homotopy theory of complex algebraic varieties I, K theory, **1** (1987), 271–324.

[28] R. Hain, Infinitesimal presentations of the Torelli groups, *Jour. Amer. Math. Soc.*, **10** (1997), 597–651.

[29] R. Hain and E. Looijenga, Mapping class groups and moduli spaces of curves, Proc. Symp. Pure Math. 62.2, 1997, 97–142.

[30] J. Harer, The second homology group of the mapping class group of an orientable surface, *Invent. Math.*, **72** (1983), 221–239.

[31] J. Harer, Stability of the homology of the mapping class group of orientable surfaces, *Ann. of Math.*, **121** (1985), 215–249.

[32] J. Harer, Improved stability for the homology of the mapping class groups of surfaces, preprint 1993.

[33] J. Harer and D. Zagier, The Euler characteristic of the moduli space of curves, *Invent. Math.*, **85** (1986), 457–485.

[34] J. Harris and I. Morrison, Moduli of Curves, Graduate Texts in Math., vol. 187, Springer Verlag, 1998.

[35] A. Hatcher, A proof of a Smale conjecture, $\mathrm{Diff}(S^3) \simeq O(4)$, *Ann. of Math.*, **117** (1983), 553–607.

[36] F. Hirzebruch, The signature of ramified coverings, in Global Analysis, Papers in honor of K. Kodaira, University of Tokyo Press, 1969, 253–265.

[37] 今吉洋一・谷口雅彦, タイヒミュラー空間論, 日本評論社, 1989 年.

[38] D. Johnson, A survey of the Torelli group, *Contemp. Math.*, **20** (1983), 165–179.

[39] N. Kawazumi, A generalization of the Morita-Mumford classes to extended mapping class groups for surfaces, *Invent. Math.*, **131** (1998), 137–149.

[40] N. Kawazumi and S. Morita, The primary approximation to the cohomology of the moduli space of curves and cocycles for the stable characteristic classes, *Math. Res. Letters*, **3** (1996), 629–641.

[41] S. Kerckhoff, The Nielsen realization problem, *Ann. of Math.*, **117** (1983), 235–265.

[42] S. Kobayashi, Frame bundles of higher order contact, Proc. Symp. Pure Math. 3, 1961, 186–193.

[43] S. Kobayashi, Transformation Groups in Differential Geometry, Ergeb. Math. Band 70, Springer Verlag, 1972.

[44] K. Kodaira, A certain type of irregular algebraic surfaces, *J. Anal. Math.*, **19** (1967), 207–215.

[45] 河野俊丈, 場の理論とトポロジー, 岩波書店, 1998 年.

[46] J. L. Koszul, Homologie et cohomologie des algèbres de Lie, *Bull. Soc. Math. France*, **78** (1950), 5–127.

[47] E. Looijenga, On the tautological ring of $\mathcal{M}_g$, *Invent. Math.*, **121** (1995), 411–419.

[48] J. Mather, Integrability in codimension 1, *Comment. Math. Helv.*, **48** (1973), 195–233.

[49] E. Miller, The homology of the mapping class group, *J. Differential Geometry*, **24** (1986), 1–14.

[50] J. Morgan, The algebraic topology of smooth algebraic varieties, *Publ. Math. I.H.E.S.*, **48** (1978), 137–204.

[51] S. Morita, Discontinuous invariants of foliations, *Adv. Stud. Pure Math.*, **5** (1985), 169–193.

[52] S. Morita, Characteristic classes of surface bundles, *Bull. Amer. Math. Soc.*, **11** (1984), 386–388, *Invent. Math.*, **90** (1987), 551–577.

[53] S. Morita, Structure of the mapping class group: a survey and a prospect, to appear in Kirby's Festschrift.

[54] D. Mumford, Towards an enumerative geometry of the moduli space of curves, in Arithmetic and Geometry, *Progress in Math.*, **36** (1983), 271–328.

[55] D. Quillen, Rational homotopy theory, *Ann. of Math.*, **90** (1969), 205–295.

[56] A. Reznikov, All regulators of flat bundles are torsion, *Ann. of Math.*, **141** (1995), 373–386.

[57] S. Smale, Diffeomorphisms of the 2-sphere, *Proc. Amer. Math. Soc.*, **10** (1959), 621–626.

[58] D. Sullivan, Geometric Topology, Part I. Localization, Periodicity and Galois Symmetry, Lecture Notes MIT, 1970.

[59] D. Sullivan, Infinitesimal computations in topology, *Publ. Math. I.H.E.S.*,

47 (1977), 269–331.

[60]　田村一郎, 葉層のトポロジー, 岩波書店, 1976 年.

[61]　W. Thurston, Noncobordant foliations of S^3, *Bull. Amer. Math. Soc.*, **78** (1972), 511–514.

[62]　W. Thurston, Foliations and groups of diffeomorphisms, *Bull. Amer. Math. Soc.*, **80** (1974), 304–307.

[63]　T. Tsuboi, Rationality of piecewise linear foliations and homology of the group of piecewise linear homeomorphisms, *Enseign. Math.*, **38** (1992), 329–344.

[64]　T. Yoshida, The η-invariant of hyperbolic 3-manifolds, *Invent. Math.*, **81** (1985), 473–514.

欧文索引

$\mathcal{A}$ differential system   128
adjoint map   23
Anosov foliation   98
attaching map   2
branch locus   157
branched covering   157
canonical 1-form   104
canonical form   104
canonical form of second order   107
cell complex   2
central extension   44
characteristic class of surface bundles   149
characteristic classes of F-bundles   140
characteristic classes of foliations   96
characteristic cohomology class   8, 21
characteristic homomorphism   70
Chern-Simons class   76
Chern-Simons form   74
Chern-Simons invariant   76
closure finite   3
cocycle condition   45
codimension   92
cohomologically connected   20
cohomology of groups   46
completely integrable   56
conjugate   59
connected   20
connection   82

continuous cohomology   83
coskeleton   8
covering   157
covering homotopy property   4
CW complex   3
cyclic ramified covering   157
d.g.a.   19
decomposable   20
dense   93
diffeotopy group   143
differential graded algebra   19
differential ideal   56
discontinuous invariants   123
divisor   162
dual Lie algebra   21
extension of group   44
exterior power   124
family of Riemann surfaces   152
fiber homotopy equivalence   8
fiber space   4
fibration   4
flat connection   54
flat F-bundle   82
flat F-product bundle   83
flat G-bundle   54
flat G-product bundle   70
foliated F-bundle   93
foliation   92
formal vector field   112
fundamental cohomology class   6
g.a.   19
Gel'fand-Fuks cohomology   85

generalized nilpotent 21
Godbillon-Vey class 97
Godbillon-Vey number 98
graded module 25
Gysin homomorphism 153
Harer's stability theorem 177
Hirsch extension 20
holonomy homomorphism 58, 83
homotopic 25
homotopy fiber 5
homotopy group 3
i-minimal model 22
indecomposable 40
integrability condition 95
integral manifold 56
integral symplectic group 146
integration along the fiber 154
interior product 66
intersection number 144
involutive 56
isotopic 143
iterated surface bundle 169
linear foliation 93
localization at 0 11
loop space 4
lower central series 44
m-fold cyclic ramified covering 158
Malcev completion 47
mapping class group 143
mapping cone 25
maximal integral manifold 56
maximal tree 134
minimal 20
minimal model 22
moduli space of Riemann surfaces 150

monodromy homomorphism 83
Mumford-Morita-Miller class 152
naturality 71
Nielsen realization problem 178
nilpotent 10, 21, 44
nilpotent quotient 44
nondegenerate 144
normal bundle 94
oriented surface bundle 142
path space 4
Postnikov invariant 10
principal fibration 8
properly discontinuous 150
ramification locus 157
ramified covering 157
rational homotopy type 11
rational nilpotent completion 47
rational space 11
Reeb foliation 93
relative cohomology 66
relative cohomology group 26
Siegel modular group 146
signature 161
simple 10
simplicial set 128
skeleton 3
skew symmetric bilinear form 144
strict connection 82
strictly flat F-bundle 82
subcomplex 3
submersion 117
surface bundle 141
symmetric power 126
symplectic basis 145
tangent bundle 94
tangent bundle along the fiber 141

tangent frame bundle of order k 106
tangent frame bundles of higher orders   105
tautological   129
tautological class   152
Teichmüller modular group   143, 150
Teichmüller space   150
Torelli group   147
torsion form   105
torsionfree   168
trivial flat bundle   54
unit tangent bundle   180
weak topology   3

和文索引

A 微分式系   128
Anosov 葉層構造   98
Bianchi の恒等式   75
Bott 消滅定理   118
Chern–Simons 形式   74
Chern–Simons 不変量   75
Chern–Simons 類   76
Chern–Weil 理論   52
CW 複体   3
de Rham ホモトピー理論   41, 48
diffeotopy 群   143
Eilenberg–MacLane 空間   5
Euler 類   46
F バンドル   81
F バンドルの特性類   140
Frobenius の定理   56
Gel'fand–Fuks コホモロジー   85
Gel'fand–Fuks の定理   123
Godbillon–Vey 数   98
Godbillon–Vey 類   97
Gysin 準同型写像   153
Harer の安定性定理   177
Hirsch 拡大   20
i 極小モデル   22
Lie 代数のコホモロジー   64
m 構成   171
m 重巡回分岐被覆   158
Malcev 完備化   47
Mumford–Morita–Miller 類   152
Nielsen 実現問題   178
Pontrjagin 形式   110
Postnikov 不変量   10
Postnikov 分解   7
Reeb 葉層   93
Riemann 面の族   151
Riemann 面のモジュライ空間   150
Siegel モジュラー群   146
Sullivan の定理   11, 25, 41, 50
tautological 類   152
Teichmüller 空間   150
Teichmüller モジュラー群   143, 150
Thurston コサイクル   138
Thurston の定理   98, 104, 137
Torelli 群   147

ア 行

安定性定理   174
イソトープ   143

一般べき零　21
因子　162

カ 行

外積べき　124
完全積分可能　56
基本コホモロジー類　6
共役　59
極小　20
極小モデル　22
極大樹木　134
極大積分多様体　56
曲面バンドル　141
曲面バンドルの特性類　149
群の拡大　44
群のコホモロジー　46, 132
形式的ベクトル場　112
高次の接枠バンドル　105
交叉数　144
構造方程式　75, 113
降中心列　44
コサイクル条件　45
コホモロジー　65, 68
コホモロジー連結　20

サ 行

指数　161
次数付き加群　25
次数付き微分代数　19
沈め込み　117
自然性　71
自明な平坦バンドル　54
弱位相　3
写像錐　25
写像類群　143
自由な d.g.a.　20

主ファイバー空間　8
巡回分岐被覆　157
真性不連続　150
シンプレクティック基底　145
随伴写像　23
整係数シンプレクティック群　146
積分可能条件　95
積分多様体　56
接続　52, 82
接着写像　2
接バンドル　93
切片　3
接枠バンドル　106
0 における局所化　11
線形葉層構造　93
相対コホモロジー　66
相対コホモロジー群　26
双対 Lie 代数　21

タ 行

対称べき　126
単位接バンドル　180
単純　10
単体的集合　128
中心拡大　44
稠密　93
強い意味での接続　82
強い意味での平坦 F バンドル　82
特性コホモロジー類　8, 21
特性準同型写像　70, 72
特性数　173
特性類　51, 54, 70, 72, 140, 149

ナ 行

内部積　66
2 次の標準形式　107

ねじれのない　168
ねじれのない接続　105
ねじれ率形式　105

ハ 行

反復曲面バンドル　169
非退化　144
被覆　157
被覆ホモトピー性質　4
微分イデアル　56
標準1形式　104
標準形式　104
標準的　129
ファイバー空間　4
ファイバー積分　154
ファイバー方向の接バンドル　141
ファイバーホモトピー同値　8
部分複体　3
不連続不変量　123, 128
分解可能　20
分解不可能　40
分岐集合　157
分岐被覆　157
平坦 F 積バンドル　83
平坦 F バンドル　82
平坦 G 積バンドル　70
平坦 G バンドル　54
平坦な接続　54, 82
平坦バンドル　54, 57
閉道空間　4
閉包有限　3
べき零　10, 21, 44
べき零商　44

包含的　56
法バンドル　94
胞複体　2
ホモトピー群　3
ホモトピーファイバー　5
ホモトピー論　3
ホモトープ　23, 25
ホモロジー論　2
ホロノミー準同型　58
ホロノミー準同型写像　83

マ 行

道の空間　4
向き付けられた曲面バンドル　142
モノドロミー準同型写像　83

ヤ 行

有理空間　11
有理べき零完備化　47
有理ホモトピー型　11
葉層 F バンドル　93, 131
葉層 S^1 バンドル　136
葉層構造　92
葉層構造の特性類　96
余次元　92
余切片　8

ラ 行

連結　20
連続コホモロジー　83

ワ 行

歪対称な双一次形式　144

■岩波オンデマンドブックス■

特性類と幾何学

2008年6月5日　第1刷発行
2018年6月12日　オンデマンド版発行

著　者　森田茂之(もりた しげゆき)

発行者　岡本　厚

発行所　株式会社　岩波書店
〒101-8002　東京都千代田区一ツ橋2-5-5
電話案内　03-5210-4000
http://www.iwanami.co.jp/

印刷／製本・法令印刷

© Shigeyuki Morita 2018
ISBN 978-4-00-730768-3　　Printed in Japan